Der mürrische Zwerggrundel:

Entdecken Sie das verborgene Juwel des Roten Meeres

Könnte dieser winzige Fisch unsere Sicht auf die Zukunft der Ozeane verändern?

Kai Silverton

Inhaltsverzeichnis

Einleitung: Der kleine Fisch mit der großen Einstellung.........6

Kapitel 1: Die Entdeckung des verborgenen Schatzes des Roten Meeres...................10

Kapitel 2: Treffen Sie die mürrische Zwerggrundel (Sueviota aethon)...................16

Kapitel 3: Die Wissenschaft hinter der Entdeckung...........22

Kapitel 4: Leben am Limit – Der Lebensraum des mürrischen Zwerggrundels...................29

Kapitel 5: Bedrohungen für Korallenriffe und die marine Artenvielfalt...................36

Kapitel 6: Die Rolle kleiner Fische im Ökosystem Korallenriffe...................43

Kapitel 7: Naturschutz und was wir tun können...........49

Kapitel 8: Weitere Wunder des Roten Meeres...............56

Kapitel 9: Ein genauerer Blick – Vergleich des Grumpy Dwarfgoby mit anderen Zwerggrundelarten...............63

Kapitel 10: Die Zukunft der Meeresforschung...............70

Kapitel 11: Der Aufruf zum Handeln...................76

    Danksagung...................81

Anhänge...................83

Haftungsausschluss

Die in diesem Buch enthaltenen Informationen dienen ausschließlich Bildungs- und Informationszwecken. Obwohl der Autor alle Anstrengungen unternommen hat, um genaue, aktuelle und gut recherchierte Inhalte bereitzustellen, sollte dieses Buch nicht als professioneller Rat in den Bereichen Meeresbiologie, Ökologie oder Naturschutz betrachtet werden. Den Lesern wird empfohlen, Experten und offizielle Quellen zu konsultieren, um spezifische Anleitungen oder Erläuterungen zu Fragen im Zusammenhang mit Meereswissenschaften und Naturschutzbemühungen zu erhalten. Der Autor und der Verlag lehnen jegliche Haftung oder Verantwortung für direkte oder indirekte Schäden, Verluste oder Folgen ab, die sich aus der Verwendung der in diesem Buch enthaltenen Informationen ergeben. Die darin geäußerten Ansichten sind die des Autors und spiegeln nicht unbedingt die Ansichten der hierin erwähnten wissenschaftlichen Organisationen oder Einrichtungen wider.

Urheberrecht © 2024 [Kai Silverton]. Alle Rechte vorbehalten.

Kein Teil dieses Buches darf ohne vorherige schriftliche Zustimmung des Herausgebers in irgendeiner Form oder mit irgendwelchen Mitteln, einschließlich Fotokopieren, Aufzeichnen oder anderen elektronischen oder mechanischen Methoden, reproduziert, verbreitet oder übermittelt werden, außer im Falle kurzer Zitate in kritischen Rezensionen und bestimmter anderer nichtkommerzieller Verwendungen, die durch das Urheberrecht gestattet sind.

Einleitung: Der kleine Fisch mit der großen Einstellung

Im Herzen des Roten Meeres, einem der lebendigsten und biologisch vielfältigsten Meeresökosysteme der Welt, wurde eine bemerkenswerte Entdeckung gemacht – ein winziger Fisch, nicht länger als ein paar Zentimeter, mit einem unverwechselbaren finsteren Blick, der ihm den Namen „Grumpy Dwarfgoby" einbrachte. Trotz seiner geringen Größe hat diese neue Art bei Meeresbiologen und Umweltschützern gleichermaßen große Aufregung ausgelöst und symbolisiert sowohl die Vielfalt als auch die Zerbrechlichkeit des Meereslebens in einer sich schnell verändernden Welt. Die Reise zur Entdeckung des Sueviota aethon oder Grumpy Dwarfgoby war sowohl ein Abenteuer als auch ein wissenschaftlicher Durchbruch. Während eines Routinetauchgangs zur Erkundung der unerforschten Artenvielfalt der Korallenriffe entdeckte ein Forscherteam, darunter der Ökologe Viktor Nunes Peinemann, einen merkwürdigen, leuchtend roten Fisch, der tief in Spalten von mit roten Algen bedeckten Korallen eingebettet war. Auf den ersten Blick schien es sich um eine bekannte Grundelart zu handeln, aber etwas an seinem mürrischen Gesichtsausdruck, der durch seine scharfen Eckzähne und seinen gedrungenen Körperbau gekennzeichnet war, gab Anlass zu weiteren Untersuchungen. Zurück im Labor stellten die Forscher bei genauer Analyse fest, dass sie auf eine völlig neue Art gestoßen waren. Der Grumpy Dwarfgoby war aufgrund seiner außergewöhnlichen Tarnung, die sich nahtlos in die rötliche Korallenriffumgebung einfügte, so lange unbemerkt geblieben. Dieser Fisch ist zwar winzig, stellt aber einen gewaltigen wissenschaftlichen Fund dar – ein Beweis dafür, dass die Natur selbst in gut erforschten Ökosystemen wie dem Roten Meer noch Überraschungen für diejenigen bereithält, die es wagen, genau hinzusehen. Aber was den Grumpy Dwarfgoby wirklich faszinierend macht, ist nicht nur seine Entdeckung, sondern was dieser winzige Fisch im breiteren Kontext der marinen Artenvielfalt darstellt. In einer Welt, in der Ökosysteme zunehmend durch Klimawandel, Umweltverschmutzung und menschliche Aktivitäten bedroht sind, erinnert uns die Entdeckung einer neuen Art an das empfindliche Gleichgewicht in Korallenriffen und anderen Meeresumgebungen. Diese Ökosysteme sind nicht nur die Heimat charismatischer Megafauna wie Haien und Meeresschildkröten, sondern auch winziger, komplexer Organismen wie dem Grumpy Dwarfgoby, die eine wesentliche Rolle bei der Aufrechterhaltung des ökologischen Gleichgewichts spielen. Das Rote Meer, in dem der Grumpy Dwarfgoby lebt, ist ein einzigartiger Meereslebensraum voller Leben. Es beherbergt Hunderte von Arten, die nirgendwo sonst auf der Welt vorkommen, von denen viele für die Gesundheit der Korallenriffe von entscheidender Bedeutung sind. Der Grumpy Dwarfgoby mit seinen spezifischen Anpassungen, wie seiner geringen Größe und seiner Abhängigkeit von Korallenspalten zum Schutz, ist ein perfektes Beispiel dafür, wie die Evolution Arten geformt hat, um in die engsten ökologischen Nischen zu passen. Korallenriffe, oft als „Regenwälder des Meeres" bezeichnet, sind auf diese winzigen Fische und andere Organismen angewiesen, um ihre unglaublich vielfältigen Ökosysteme aufrechtzuerhalten. Darüber hinaus erfolgt die Entdeckung des Grumpy Dwarfgoby zu einem Zeitpunkt, an dem Korallenriffe weltweit in Gefahr sind. Steigende Meerestemperaturen, Versauerung und Verschmutzung haben zur Korallenbleiche und zum Rückgang ihrer Bewohner beigetragen. In vielerlei HinsichtDas „mürrische" Aussehen des Grumpy Dwarfgoby könnte als Metapher für die Not dienen, der die marinen Ökosysteme heute ausgesetzt sind. Bei dieser Entdeckung geht es nicht nur darum, eine neue Art in die Rekordbücher aufzunehmen; es ist ein Aufruf zum Handeln, um die empfindlichen Lebensräume zu schützen, die unzähligen Lebewesen wie dem Grumpy Dwarfgoby als Heimat dienen.

Der Grumpy Dwarfgoby ist zwar winzig und scheinbar unbedeutend, aber er ist zu einem Symbol für die Geheimnisse geworden, die unter der Meeresoberfläche verborgen bleiben. Er steht dafür, wie wichtig es ist, die Ozeane und das Leben in ihnen weiterhin zu erforschen, zu studieren und zu schützen. Jede neue Entdeckung erinnert uns daran, dass wir zwar große Teile der Erdoberfläche kartografiert haben, die Tiefen unserer Ozeane jedoch noch weitgehend unerforscht sind und unzählige Arten darauf warten, entdeckt zu werden. Wenn wir uns tiefer in dieses Buch vertiefen, werden Sie nicht nur die Besonderheiten des Grumpy Dwarfgoby verstehen, sondern auch die umfassendere Geschichte der marinen Artenvielfalt, die Herausforderungen, vor denen unsere Ozeane stehen, und das empfindliche Gleichgewicht, das diese Ökosysteme zusammenhält. In den folgenden Kapiteln werden wir den Entdeckungsprozess, die einzigartigen Merkmale dieses faszinierenden Fisches und die Gründe dafür untersuchen, warum der Schutz von

Arten wie dem Grumpy Dwarfgoby in der heutigen Welt wichtiger ist denn je.

Dieser kleine Fisch mit seiner großen Persönlichkeit kann uns mehr beibringen, als wir vielleicht erwarten.

Kapitel 1: Die Entdeckung des verborgenen Schatzes des Roten Meeres

Das Rote Meer, ein schmales Gewässer, das die Arabische Halbinsel von Afrika trennt, ist seit langem ein faszinierendes Ziel für Meeresbiologen, Ökologen und Abenteurer gleichermaßen. Es ist für seine lebendigen Korallenriffe, das kristallklare Wasser und die reiche Artenvielfalt bekannt und dient als Zufluchtsort für zahllose Meeresarten. Zu den jüngsten Entdeckungen gehört der Grumpy Dwarfgoby – ein winziger Fisch, der die unglaubliche Vielfalt des Lebens in der Region verkörpert. Dieses Kapitel untersucht die Einzigartigkeit des Ökosystems des Roten Meeres, die Korallenriffe, die den Grumpy Dwarfgoby beherbergen, und die aufregende Reise, die Wissenschaftler zur Entdeckung dieser neuen Art führte.

Ein Überblick über das einzigartige Ökosystem des Roten Meeres

Das Rote Meer ist eine der außergewöhnlichsten Meeresumgebungen der Erde. Es erstreckt sich etwa 2.250 Kilometer vom Suezkanal in Ägypten bis zur Bab el Mandeb-Straße in der Nähe von Jemen und Dschibuti und ist die Heimat einer reichen Artenvielfalt. Was das Rote Meer besonders bemerkenswert macht, ist seine einzigartige Kombination aus geografischen Merkmalen und Umweltbedingungen, die eine breite Palette von Lebensformen begünstigen.

Einer der Schlüsselfaktoren für den ökologischen Reichtum des Roten Meeres ist seine Temperaturstabilität und sein Salzgehalt. Im Gegensatz zu anderen Korallenriffsystemen, die häufig saisonalen Schwankungen unterliegen, bleibt das Rote Meer das ganze Jahr über relativ warm, mit Temperaturen zwischen 20 °C und 30 °C (68 °F und 86 °F). Diese Stabilität, kombiniert mit seinem relativ hohen Salzgehalt (aufgrund des geringen Süßwasserzuflusses), hat die Entwicklung einiger der widerstandsfähigsten Korallenarten der Welt ermöglicht.

Die Korallenriffe des Roten Meeres gelten als „Superriffe", weil sie eine ungewöhnliche Widerstandsfähigkeit gegenüber steigenden Meerestemperaturen und Versauerung gezeigt haben – Bedingungen, die Korallensysteme weltweit bedrohen. Diese Widerstandsfähigkeit könnte ein Grund dafür sein, warum Arten wie der Zwerggrundel hier gedeihen. Wissenschaftler haben festgestellt, dass die Riffe des nördlichen Roten Meeres von der Korallenbleiche, die in vielen Teilen der Welt auftritt, weitgehend unberührt geblieben sind. Diese Widerstandsfähigkeit ist angesichts des Klimawandels von entscheidender Bedeutung und macht das Rote Meer zu einem Hotspot für die Erforschung der marinen Artenvielfalt.

Neben Korallenriffen gibt es im Roten Meer Mangroven, Seegraswiesen und ausgedehnte Küstenlagunen. Diese Lebensräume bilden ein komplexes Netzwerk, das eine reiche Vielfalt an Meereslebewesen beherbergt – von großen Arten wie Delfinen, Haien und Mantas bis hin zu kleineren, weniger auffälligen Lebewesen wie dem mürrischen Zwerggrundel. Diese Vielfalt des Ökosystems ist ein Schlüsselmerkmal, das schon lange die Aufmerksamkeit der Wissenschaftler auf sich zieht, denn man ist sich bewusst, dass jedes Element eine wesentliche Rolle für die Gesundheit der Meeresumwelt spielt.

Die Artenvielfalt des Korallenriffs, die den Grumpy Dwarfgoby unterstützt

Die Korallenriffe des Roten Meeres gehören zu den biologisch vielfältigsten Ökosystemen der Erde und sind in Bezug auf die Artenvielfalt nur den Regenwäldern unterlegen. Diese Riffe dienen als primärer Lebensraum für den Zwerggrundel und Tausende anderer Meeresarten. Mit über 300 Korallenarten und 1.200 Fischarten sind die Riffe des Roten Meeres ein komplexes und lebendiges Mosaik des Lebens, in dem jeder Organismus – vom kleinsten Grundel bis zum größten Raubtier – eine Rolle bei der Aufrechterhaltung des ökologischen Gleichgewichts spielt.

Der mürrische Zwerggrundel gedeiht in den verborgenen Winkeln dieser Korallenstrukturen, insbesondere zwischen den roten Korallenalgen, die viele der Riffe bedecken. Diese Algen dienen dem Grundel nicht nur als Tarnung, sondern auch als reichhaltiger Futterplatz für kleine Wirbellose, die einen wichtigen Teil der Nahrung des Grundels ausmachen. Die Korallenriffe bieten nicht nur physischen Schutz vor Raubtieren, sondern auch eine stabile Umgebung, in der sich der Grundel vermehren und gedeihen kann.

Einer der Gründe, warum Korallenriffe so viele Artenvielfalt hervorbringen, ist ihre große Vielfalt an Mikrohabitaten. Jede Korallenart bildet einzigartige Strukturen – Äste, Platten und Hügel –, die verschiedenen Fischarten, Krebstieren und Wirbellosen als Unterschlupf und Nahrung dienen. Der Zwerggrundel ist darauf eingestellt, in kleinsten Spalten zu leben und nutzt dabei Räume, die für größere Fische unerreichbar sind. In vielerlei Hinsicht ist die geringe Größe des Grundels sein größter Vorteil, denn er kann dadurch ökologische Nischen besetzen, die für andere Arten unerreichbar sind.

Die symbiotischen Beziehungen zwischen Korallenarten und Meeresorganismen sind für die Gesundheit des Riffs von entscheidender Bedeutung. Korallenpolypen, die winzigen Tiere, aus denen Korallenriffe bestehen, gehen eine symbiotische Beziehung mit Zooxanthellen ein, Algen, die in ihren Geweben leben. Diese Beziehung ermöglicht es Korallen, Photosynthese zu betreiben und die riesigen Riffstrukturen aufzubauen, die das gesamte Ökosystem unterstützen. Arten wie der Zwerggrundel sind auf die Stabilität und Produktivität dieser Korallensysteme angewiesen, um zu gedeihen.

Die Gesundheit dieser Riffe ist jedoch ständig durch menschliche Aktivitäten wie Umweltverschmutzung, Überfischung und Tourismus bedroht. Trotz seiner Widerstandsfähigkeit ist das Rote Meer nicht immun gegen die globalen Kräfte des Klimawandels, weshalb der Erhalt solcher Ökosysteme nicht nur für das Überleben von Arten wie dem Zwerggrundel von entscheidender Bedeutung ist, sondern auch für die unzähligen anderen Arten, die weltweit von Korallenriffen abhängig sind.

Wie Wissenschaftler erstmals auf diese Art stießen

Die Entdeckung des mürrischen Zwerggrundels ist eine Geschichte von Neugier und Durchhaltevermögen. Sie geschah während einer Expedition unter der Leitung von Viktor Nunes Peinemann und einem Team von Meeresbiologen, die die weniger bekannten Korallenriffe im nördlichen Roten Meer erforschten. Ihr ursprüngliches Ziel war es, verschiedene in der Region lebende Fischarten zu katalogisieren, doch schon bald stießen sie auf etwas Unerwartetes.

Bei einem Routinetauchgang in der Nähe eines der vielen Korallenriffe des Roten Meeres beobachteten Peinemann und sein Team einen winzigen, rötlichen Fisch mit einem recht charakteristischen Aussehen. Auf den ersten Blick hielten sie ihn für eine Grundelart, die sie schon einmal gesehen hatten, doch bei näherer Betrachtung fielen ihnen subtile, aber signifikante Unterschiede auf. Der Fisch hatte markante eckzahnartige Zähne, was für Grundeln seiner Größe ungewöhnlich war, und seine einzigartige Färbung, die sich perfekt vor den Rotalgen tarnte, war auffällig.

Zurück auf dem Forschungsschiff machte das Team detaillierte Bilder und entnahm Proben für genetische Analysen. Was sie entdeckten, schockierte sie: Dies war nicht einfach nur ein weiterer Grundel – es war eine völlig neue Art. Der Zwerggrundel mit dem Namen Sueviota aethon wurde offiziell anerkannt und als neue

Art klassifiziert, was seinen Platz in den Aufzeichnungen der Meeresbiologie festigte.

Die Entdeckung des Grumpy Dwarfgoby unterstreicht, wie wichtig es ist, selbst die am besten erforschten Lebensräume weiter zu erforschen. Trotz jahrhundertelanger Forschung sind die Ozeane noch immer weitgehend unerforscht, und neue Arten wie der Grumpy Dwarfgoby erinnern uns an die Geheimnisse, die noch darauf warten, gelüftet zu werden. Für die beteiligten Wissenschaftler war es ein aufregender Moment, der die Notwendigkeit weiterer Schutzbemühungen im Roten Meer unterstrich.

Wie die folgenden Kapitel zeigen werden, ist die Entdeckung des Grumpy Dwarf-Grundels kein isoliertes Ereignis. Sie ist Teil einer viel größeren Geschichte über die fortschreitende Erforschung der Ozeane und die dringende Notwendigkeit, die Ökosysteme zu schützen, die eine solch unglaubliche Artenvielfalt beherbergen.

Kapitel 2: Treffen Sie die mürrische Zwerggrundel (Sueviota aethon)

Der Sueviota aethon, liebevoll als mürrischer Zwerggrundel bekannt, mag zwar klein sein, hat aber eine große Persönlichkeit. In diesem Kapitel werden wir uns eingehend mit der Art selbst befassen und uns auf ihre körperlichen Merkmale, Lebensraumpräferenzen und ihre wichtige Rolle im Ökosystem des Roten Meeres konzentrieren. Während ihr „mürrischer" Blick vielleicht Aufmerksamkeit erregt, machen ihr Verhalten und ihre Anpassungsfähigkeit an die fragile Korallenriffumgebung sie zu einem faszinierenden Lebewesen für Studien.

Detaillierte Beschreibung seiner physischen Merkmale und seines unverwechselbaren „mürrischen" Aussehens

Der Grumpy Dwarf Goby ist ein optisch auffälliger Fisch, sogar unter seinen farbenfrohen Nachbarn in Korallenriffen. Dieser winzige Fisch misst nur etwa 2 Zentimeter Länge (etwa so groß wie eine kleine Erbse) und fällt durch seine leuchtend rötliche Färbung auf, die zu seinem bevorzugten Lebensraum passt – mit roten Korallenalgen bedeckte Riffe. Seine leuchtende Farbe dient einem doppelten Zweck: Er dient sowohl der Tarnung in seiner Umgebung als auch als potenzielles Signal für andere Arten, dass er anwesend ist.

Aber das Merkmal, das diesem Grundel seinen einprägsamen Spitznamen eingebracht hat, ist sein „mürrischer" Gesichtsausdruck. Dieser ist eine Kombination aus seinem leicht vorspringenden Unterkiefer, in dem zwei kleine, aber markante eckzahnartige Zähne sichtbar sind, und seiner etwas gefurchten „Stirn", die durch die Form seiner Augen und seines Gesichts entsteht. Diese körperlichen Merkmale verleihen dem mürrischen Zwerggrundel ein permanentes Stirnrunzeln, ein Merkmal, das Beobachtern besonders sympathisch ist, aber keinen aggressiven Zweck erfüllt. Tatsächlich versteckt sich dieser Grundel trotz seines mürrischen Verhaltens eher, als dass er größeren Raubtieren oder sogar ähnlich großen Konkurrenten gegenübertritt.

Darüber hinaus hat der Grumpy Dwarf Goby einen gedrungenen, leicht zusammengedrückten Körper mit großen Brustflossen, die ihm helfen, sich mühelos in den winzigen Spalten der Korallenriffe zu bewegen. Seine Flossen helfen ihm auch bei kurzen Schwimmzügen, um Beute zu fangen oder Gefahren zu entgehen. Die Schwanzflosse ist abgerundet und kompakt, ideal für Bewegungen über kurze Distanzen, nicht aber für Langstreckenschwimmen.

Ein einzigartiges Merkmal von Grundeln ist ihr Fehlen einer Schwimmblase, die bei vielen anderen Fischarten zur Aufrechterhaltung des Auftriebs üblich ist. Ohne dieses Organ ist der Zwerggrundel besser dafür geeignet, sein Leben in der Nähe der Riffoberfläche zu verbringen, wo er auf Korallen und algenbedeckten Felsen ruhen kann, ohne wegzutreiben.

Der Lebensraum des Zwerggrundels: Mit roten Algen bedeckte Korallenriffe

Der Lebensraum des Zwerggrundels ist ein entscheidender Teil seines Überlebens und Erfolgs als Art. Er gedeiht in den mit roten Algen bedeckten Korallenriffen des Roten Meeres, einer Umgebung, die perfekt auf seine Bedürfnisse abgestimmt ist. Die Riffe selbst sind dynamische Ökosysteme voller Leben, aber insbesondere die roten Korallenalgen spielen eine entscheidende Rolle bei den täglichen Aktivitäten des Zwerggrundels.

Kalkrote Algen, benannt nach ihrer kalkhaltigen, rötlichen Oberfläche, sind ein wesentlicher Bestandteil von Korallenriffen. Diese Algen tragen nicht nur zur strukturellen Integrität des Riffs bei, sondern schaffen auch zahlreiche Spalten und Verstecke, die für kleine Lebewesen wie den mürrischen Zwerggrundel unverzichtbar sind. Der Fisch nutzt diese Spalten als Schutz vor Raubtieren, als Schutz vor Meeresströmungen und als Aussichtspunkt, von dem aus er Beute überfallen kann.

Das Rote Meer ist für seinen hohen Salzgehalt und seine warmen Temperaturen bekannt und bietet eine einzigartige Umgebung, in der Arten wie der mürrische Zwerggrundel gedeihen können. Die Fülle an kleinen Spalten und Unterschlüpfen in mit Rotalgen bedeckten Korallenriffen macht diesen Lebensraum zu einem bevorzugten Standort für den Grundel, der oft dabei beobachtet wird, wie er auf der Suche nach Nahrung oder auf der Flucht vor Raubtieren in Algenbetten hinein- und wieder herausflitzt. Im Gegensatz zu größeren Fischen kann der Zwerggrundel aufgrund seiner Größe Bereiche des Riffs erreichen, die für größere Arten unzugänglich wären, was ihn zusätzlich vor Gefahren schützt.

Die Korallenriffe im Roten Meer bieten dem mürrischen Zwerggrundel nicht nur Schutz, sondern sind auch reich an Wirbellosen und Mikroorganismen, die die Nahrung des Grundels bilden. Wenn Riffe gedeihen, wächst auch das Leben in ihnen und um sie herum, wodurch ein komplexes Nahrungsnetz entsteht, in dem der Zwerggrundel eine Schlüsselrolle spielt.

Verhalten, Ernährung und ökologische Rolle im Riff

Trotz seiner geringen Größe spielt der mürrische Zwerggrundel eine wichtige ökologische Rolle bei der Aufrechterhaltung des Gleichgewichts seines Korallenriff-Ökosystems. Wie andere Grundeln ist er territorial und verteidigt seinen kleinen Bereich im Riff oft gegen Eindringlinge. Aufgrund seiner geringen Größe und mangelnden körperlichen Stärke besteht seine Verteidigungsstrategie jedoch eher aus Ausweichen und schnellen Bewegungsausbrüchen als aus direkter Konfrontation. Seine Beweglichkeit ermöglicht es ihm, in die kleinsten Risse im Korallenriff zu schießen und bei Bedrohung aus dem Blickfeld zu verschwinden.

Die Nahrung des Zwerggrundels besteht hauptsächlich aus winzigen Krebstieren, Plankton und kleinen Wirbellosen, die in Korallenriffen in großer Menge vorkommen. Bei seiner Nahrungsaufnahme schwebt er in der Nähe von Korallen- oder Algenbänken und wartet darauf, dass kleine Beutetiere in der Wassersäule vorbeitreiben. Dann schnappt er sich seine Beute mit schnellen, stechenden Bewegungen und zieht sich dann in sein Versteck zurück. Diese Hinterhaltstrategie ist typisch für viele Grundelarten und besonders effektiv für einen Fisch, der in einer so dicht besiedelten und wettbewerbsintensiven Umgebung lebt.

Ökologisch gesehen trägt der Zwerggrundel zur Gesundheit des Korallenriffs bei, indem er am Nahrungsnetz teilnimmt, das das Ökosystem des Riffs aufrechterhält. Indem er kleine Wirbellose jagt, hilft er, deren Populationen zu kontrollieren, die, wenn sie unkontrolliert bleiben, die Korallenstrukturen selbst schädigen könnten. Im Gegenzug dient der Grundel als Beute für größere Fische und Meeresräuber und schafft so ein Gleichgewicht, das die Artenvielfalt und Stabilität des Riffs aufrechterhält.

Darüber hinaus ist das Vorkommen von Arten wie dem Grumpy Dwarfgoby in Korallenriffen oft ein Indikator für den allgemeinen Gesundheitszustand des Ökosystems. Kleine Fischarten reagieren typischerweise empfindlicher auf Umweltveränderungen und ihre Populationsdichte kann Hinweise auf den Zustand des Riffs geben. Auf diese Weise kann der Grumpy Dwarfgoby als biologischer Marker angesehen werden, der signalisiert, ob ein Korallenriff gedeiht oder im Niedergang begriffen ist.

Der Zwerggrundel mit seinem unverwechselbaren Aussehen und seiner wichtigen ökologischen Rolle ist ein perfektes Beispiel dafür, wie selbst die kleinsten Lebewesen einen erheblichen Einfluss auf die Gesundheit ihrer Umwelt haben können. Seine Abhängigkeit von den mit Rotalgen bedeckten Korallenriffen des Roten Meeres unterstreicht die Verbundenheit der Meeresarten und die Bedeutung des Schutzes empfindlicher Ökosysteme wie Korallenriffe. Während wir die Nuancen dieser Art weiter erforschen, werden wir im nächsten Kapitel tiefer auf die Bedeutung von Korallenriffen eingehen und erklären, warum ihr Schutz nicht nur für den Zwerggrundel, sondern für die gesamte Meeresbiodiversität so wichtig ist.

Kapitel 3: Die Wissenschaft hinter der Entdeckung

Die Entdeckung des mürrischen Zwerggrundels war nicht nur ein Glücksfall, sondern das Ergebnis sorgfältiger wissenschaftlicher Untersuchungen und Feldarbeit. Dieses Kapitel befasst sich mit dem strengen Prozess der Identifizierung einer neuen Art und untersucht, wie der Sueviota aethon erkannt wurde, was ihn von ähnlichen Arten unterscheidet und welche Erfahrungen die Forscher, die maßgeblich an seiner Entdeckung beteiligt waren, aus erster Hand gemacht haben.

Der wissenschaftliche Prozess der Identifizierung einer neuen Art

Die Identifizierung einer neuen Art umfasst eine Reihe methodischer Schritte, die Wissenschaftler befolgen müssen, um sicherzustellen, dass ihre Ergebnisse glaubwürdig und genau sind. Die Entdeckung des Grumpy Dwarfgoby erfolgte auf dem traditionellen Weg der Feldbeobachtung, Probensammlung, morphologischen Analyse und genetischen Tests.

Feldbeobachtung und Sammlung:
Der erste Schritt im Entdeckungsprozess erfolgte in den Korallenriffen des Roten Meeres, wo der kleine, rötliche Fisch in seinem natürlichen Lebensraum gesichtet wurde. Forscher wie Viktor Nunes Peinemann und sein Team führten Untersuchungen zur Artenvielfalt in der

Region durch. Während eines Routinetauchgangs entdeckten sie in den mit roten Algen bedeckten Riffen einen unbekannten Fisch, dessen charakteristisches Aussehen ihre Aufmerksamkeit erregte. Bei den Feldbeobachtungen achteten sie auf den Lebensraum, das Verhalten und die Interaktion des Fisches mit dem Riff-Ökosystem und machten sorgfältige Fotos und Videodokumentationen.

Um zu bestätigen, dass es sich tatsächlich um eine unbekannte Art handelte, wurden mehrere Exemplare mithilfe spezieller Techniken gesammelt. Die Wissenschaftler sorgten dafür, dass das Riff so wenig wie möglich gestört wurde, während sie die Exemplare für weitere Analysen entnahmen. Das Sammeln lebender Exemplare ist von entscheidender Bedeutung, da es detaillierte Untersuchungen der körperlichen Merkmale und des genetischen Materials ermöglicht.

Morphologische Analyse:
Nachdem die Exemplare in ein Labor gebracht worden waren, bestand der nächste Schritt darin, ihre morphologischen Merkmale zu untersuchen – im Wesentlichen die körperlichen Merkmale, die diesen Grundel von anderen unterscheiden. Diese Analyse umfasst normalerweise den Einsatz von Mikroskopie und detaillierten Messungen, um die neue Art mit bekannten Arten derselben Familie zu vergleichen.

Im Fall des mürrischen Zwerggrundels untersuchten die Wissenschaftler wichtige Merkmale wie Körpergröße, Flossenform und charakteristische Zahnstruktur. Die beiden kleinen eckzahnartigen Zähne, die der Art ihr „mürrisches" Aussehen verliehen, waren ein hervorstechendes Merkmal. Diese körperlichen Merkmale wurden sorgfältig katalogisiert und mit anderen Arten der Gattung Sueviota und ähnlichen Grundeln verglichen.

Genetische Tests:
In der modernen Taxonomie reicht eine morphologische Analyse allein nicht aus, um eine neue Art zu klassifizieren. Genetische Analysen, insbesondere DNA-Barcoding, spielen eine entscheidende Rolle bei der Bestätigung, ob ein Organismus zu einer bisher unentdeckten Art gehört. Im Fall der Grumpy Dwarfgoby wurden Proben für die DNA-Sequenzierung entnommen, bei der die Wissenschaftler ihr genetisches Material mit dem anderer bekannter Grundeln verglichen. Die DNA-Sequenzierung ergab erhebliche genetische Unterschiede und bestätigte, dass es sich bei der Sueviota aethon tatsächlich um eine neue Art handelte, die sich genetisch von ihren nächsten Verwandten unterschied.

Nachdem die morphologischen und genetischen Daten gesammelt waren, veröffentlichte das Forschungsteam seine Ergebnisse in Fachzeitschriften mit Peer-Review. Dies war ein entscheidender Schritt, um die Art offiziell von der wissenschaftlichen Gemeinschaft anerkennen zu lassen. Anschließend wurde die Art in globale taxonomische Datenbanken aufgenommen, wo sie ihren offiziellen Namen erhielt.

Vergleichende Analyse mit ähnlichen Arten und warum dieser Grundel auffällt

Die Entdeckung des Grumpy Dwarfgoby ist besonders aufregend, da er auf den ersten Blick viele Merkmale mit anderen Grundelarten teilt, die in Korallenriffen vorkommen. Bei näherer Betrachtung werden jedoch einige einzigartige Merkmale sichtbar, die diese Art von anderen unterscheiden.

Ähnliche Arten:
Der Zwerggrundel gehört zur Gattung Sueviota, einer Gruppe kleiner Grundeln, die typischerweise in Korallenriffen im Indo-Pazifik-Raum vorkommen. Andere Arten dieser Gattung haben ähnliche Lebensräume, Körpergrößen und Fressgewohnheiten. Beispielsweise sind Arten wie Sueviota atrinasa und Sueviota pyrios für ihre Fähigkeit bekannt, sich ihrer Umgebung anzupassen und in den Winkeln und Nischen von Korallenriffen zu leben.

Trotz dieser Ähnlichkeiten fällt der Grumpy Dwarf Goby jedoch aus mehreren Gründen auf:

1. **Markantes „Grumpy"-Aussehen:** Das auffälligste Merkmal ist sein Gesicht, das aufgrund der markanten eckzahnartigen Zähne und der Kieferform finster wirkt. Während viele Grundeln leichte Unterschiede in der Gesichtsstruktur aufweisen, verleiht die Kombination aus hervorstehendem Unterkiefer und Zahnformation dieser Art ihren unverwechselbaren, ständig „mürrischen" Ausdruck.

2. **Färbung und bevorzugte Lebensräume:** Im Gegensatz zu anderen Arten der Gattung Sueviota ist der Zwerggrundel darauf spezialisiert, in roten Korallenalgen zu leben, was seine rötliche Pigmentierung direkt beeinflusst. Die meisten Grundeln weisen stumpfere Farben auf, um sich in sandige oder felsige Umgebungen einzufügen, aber der rötliche Farbton des Sueviota aethon passt perfekt zu den roten Algen, die die Riffe bedecken, und bietet ihm eine zusätzliche Tarnschicht.
3. **Einzigartige genetische Signatur:** Genetische Analysen bestätigten außerdem, dass der Grumpy Dwarfgoby genetisch so weit von seinen nächsten Verwandten abweicht, dass er als eigenständige Art klassifiziert werden kann. Diese Divergenz lässt darauf schließen, dass sich die Art in relativer Isolation entwickelt hat und sich speziell an ihre Nischenumgebung im Roten Meer angepasst hat, einer Region, die aufgrund ihrer geografischen und ökologischen Merkmale für ihre einzigartigen Arten bekannt ist.

Erkenntnisse der Forscher, die die Entdeckung gemacht haben

Die Begeisterung über die Entdeckung des mürrischen Zwerggrundels wird von den Wissenschaftlern geteilt, die ihn gemacht haben. Viktor Nunes Peinemann, der leitende Forscher des Projekts, beschrieb den Moment der Entdeckung als aufregend und unerwartet zugleich. Laut Peinemann konzentrierte sich das Team zunächst auf die Untersuchung bekannter Arten im Roten Meer, aber das ungewöhnliche Aussehen des Grundels fiel sofort auf.

In Interviews und Veröffentlichungen betonte Peinemann die Bedeutung der Erforschung der Meeresbiologie und wies darauf hin, dass selbst in gut erforschten Regionen wie dem Roten Meer immer noch neue Entdeckungen möglich seien. Er betonte auch den Wert der Zusammenarbeit – zu seinem Team gehörten Meeresbiologen, Taxonomen und Genetiker, die alle zusammenarbeiteten, um die neue Art zu bestätigen. Peinemann räumte schnell ein, dass Entdeckungen wie diese sowohl das Ergebnis von Glück als auch sorgfältiger Planung sind. Die anfängliche Beobachtung der einzigartigen Merkmale des Fisches brachte sie dazu, weitere Untersuchungen durchzuführen, die letztendlich bestätigten, dass sie etwas Neues gefunden hatten.

Einer der lohnendsten Aspekte für das Team war, dass ihre Forschung zum Verständnis der Artenvielfalt der Korallenriffe im Roten Meer beitrug. Für Peinemann unterstreicht die Entdeckung, wie viel wir noch über die Ozeane lernen müssen und warum Naturschutzbemühungen so wichtig sind, um diese Lebensräume vor Zerstörung zu bewahren. Insbesondere betonte er die Notwendigkeit des Schutzes der Korallenriffe, die als Lebensraum für so viele Meeresarten dienen, darunter auch für den neu entdeckten Zwerggrundel.

Im weiteren Verlauf des Buchs wird die Entdeckung des mürrischen Zwerggrundels Teil einer umfassenderen Diskussion über die fortschreitende Erforschung der Weltmeere, die Herausforderungen für die Ökosysteme der Korallenriffe und die Bedeutung des Naturschutzes zur Bewahrung der marinen Artenvielfalt für künftige Generationen.

Kapitel 4: Leben am Limit – Der Lebensraum des mürrischen Zwerggrundels

Das Rote Meer, in dem der Zwerggrundel lebt, ist ein einzigartiger und dynamischer Lebensraum, der durch seine Geografie und sein Klima geprägt ist. In diesem Kapitel wird untersucht, wie die besonderen Bedingungen des Roten Meeres zum Überleben dieser Art beitragen, welche wichtige Rolle Korallenriffe bei der Erhaltung der marinen Artenvielfalt spielen und welche verschiedenen Anpassungen der Zwerggrundel entwickelt hat, um sich in diesem fragilen Ökosystem zurechtzufinden.

Wie die einzigartigen Bedingungen des Roten Meeres diese Art unterstützen

Das Rote Meer unterscheidet sich von vielen anderen Meeresumgebungen durch seinen hohen Salzgehalt, die erhöhten Wassertemperaturen und seine relativ isolierte Lage. Dieses halbgeschlossene Gewässer erstreckt sich vom Golf von Suez im Norden bis zur Meerenge Bab el Mandeb im Süden und erfährt nur minimale Süßwasserzuflüsse aus Flüssen, was zu einem überdurchschnittlich hohen Salzgehalt führt – etwa 40 Promille, verglichen mit den 35 Promille, die in den meisten Ozeanen zu finden sind. Dieses salzige Wasser schafft eine herausfordernde Umgebung für Meereslebewesen, aber diejenigen, die hier leben, wie der mürrische Zwerggrundel, sind hochspezialisiert, um unter solchen Bedingungen zu überleben.

Die warmen Temperaturen des Roten Meeres, die von 22 °C (71 °F) im Norden bis über 30 °C (86 °F) im Süden reichen, haben auch die dort lebenden Arten geprägt. Diese warmen Gewässer ermöglichen das Wachstum von Korallenriffen, die unzähligen Organismen, darunter dem mürrischen Zwerggrundel, Schutz und Nahrung bieten. Die Korallenriffe des Roten Meeres sind besonders einzigartig, weil sie temperaturtoleranter sind als viele andere, was ihnen das Überleben ermöglicht hat, während andere Riffe weltweit durch Korallenbleiche aufgrund steigender Meerestemperaturen zerstört wurden.

Für den Zwerggrundel sind diese Umweltfaktoren sowohl Chancen als auch Herausforderungen. Das warme, salzige Wasser des Roten Meeres hat zur Entwicklung hochspezialisierter Nischen geführt, in denen nur bestimmte Arten wie der Zwerggrundel gedeihen können. Die Fülle an roten Korallenalgen in diesen Riffen bietet dem Zwerggrundel sowohl Schutz als auch Jagdrevier und hilft ihm, Raubtieren auszuweichen und gleichzeitig seine Nahrungsversorgung zu sichern. Diese Bedingungen bedeuten jedoch auch, dass der Grundel besonders anfällig für Umweltveränderungen wie Klimawandel oder Umweltverschmutzung ist, die das empfindliche Gleichgewicht des Riffökosystems stören könnten.

Die Bedeutung der Korallenriffe für das Meeresleben

Korallenriffe werden oft als „Regenwälder des Meeres" bezeichnet, da sie eine unglaubliche Artenvielfalt beherbergen. Obwohl sie weniger als 1 % des Meeresbodens bedecken, sind sie die Heimat von 25 % aller Meeresarten. Insbesondere die Korallenriffe des Roten Meeres sind für den Erhalt der Artenvielfalt der Region von entscheidender Bedeutung und bieten Lebensraum, Nahrung und Brutstätten für eine Vielzahl von Arten, darunter auch den Zwerggrundel.

Die Struktur von Korallenriffen schafft eine Vielzahl von Mikrohabitaten, die den Bedürfnissen verschiedener Arten gerecht werden. Verzweigte Korallen bieten kleineren Fischen wie dem Zwerggrundel Versteckmöglichkeiten, während massive Korallen stabile Oberflächen für das Wachstum von Algen bieten, was für pflanzenfressende Arten unerlässlich ist. Der Lebensraum des mürrischen Zwerggrundels, eingebettet in die Spalten roter Kalkalgen, unterstreicht die Bedeutung dieser Mikrohabitate.

Darüber hinaus dienen Korallenriffe als Brutstätten für Jungfische, schützen Küsten vor Erosion und unterstützen die lokale Wirtschaft durch Fischerei und Tourismus. Beispielsweise ziehen Korallenriffe im Roten Meer jährlich Tausende von Tauchern an und tragen erheblich zur Wirtschaft der Region bei. Allein der Korallenriff-Tourismus in Ägypten bringt jährlich über 7 Milliarden Dollar ein.

Riffbauer

, eine Zahl, die die Bedeutung der Erhaltung dieser Lebensräume unterstreicht.

Diese Ökosysteme sind jedoch ständig durch menschliche Aktivitäten wie Überfischung, Küstenentwicklung und Klimawandel bedroht. Die Korallenbleiche im Jahr 2015 beispielsweise betraf viele Teile der Welt, obwohl die Riffe des Roten Meeres aufgrund ihrer natürlichen Widerstandsfähigkeit besser davonkamen. Dennoch bleiben der Zwerggrundel und andere Riffarten gefährdet, was die dringende Notwendigkeit von Naturschutzbemühungen zum Schutz dieser unschätzbar wertvollen Ökosysteme unterstreicht.

Anpassungen des Grumpy Dwarfgoby zum Überleben in einem fragilen Ökosystem

Der mürrische Zwerggrundel lebt in den dynamischen und manchmal rauen Bedingungen des Roten Meeres und hat verschiedene Anpassungen entwickelt, die ihm das Überleben in diesem fragilen Ökosystem ermöglichen.

1. **Größen- und Verhaltensanpassungen:**
   Die geringe Größe des Zwerggrundels, der nur 2 Zentimeter lang ist, ist eine seiner wichtigsten Anpassungen. Seine geringe Größe ermöglicht es ihm, sich in den winzigen Spalten zu verstecken, die von roten Kalkalgen und Korallenstrukturen gebildet werden. Dieses Verhalten, sich immer in der Nähe eines Unterschlupfs aufzuhalten, ist der Schlüssel, um

Raubtieren auszuweichen, die in den Riffen des Roten Meeres in Hülle und Fülle wimmeln. Durch kurze, flinke Bewegungen kann der Grundel schnell in seinen Verstecken verschwinden, wenn eine Bedrohung auftaucht.

2. **Tarnung:**
Die rötliche Färbung des Grundels ist perfekt an seine Umgebung angepasst. Da er den Großteil seines Lebens zwischen Rotalgen verbringt, hilft ihm diese Tarnung, sich in seine Umgebung einzufügen, was es für Raubtiere schwieriger macht, ihn zu entdecken. Diese Farbanpassung hilft ihm auch beim Fressen aus dem Hinterhalt, bei dem der Grundel wartet, bis ahnungslose Beute vorbeitreibt, bevor er aus seinem Versteck hervorspringt.

3. **Ernährungsflexibilität:**
Der Zwerggrundel ist ein Generalist, der sich von kleinem Plankton, Wirbellosen und Algen ernährt, die in Korallenriff-Ökosystemen in großen Mengen vorkommen. Diese Ernährungsflexibilität ermöglicht es ihm, die in seiner Umgebung verfügbaren Ressourcen optimal zu nutzen und sicherzustellen, dass er auch dann überleben kann, wenn bestimmte Beutearten knapp sind. Seine Fähigkeit, zwischen aktiver Jagd und dem Fressen von Algen zu wechseln, verleiht ihm ein gewisses Maß an Widerstandsfähigkeit in einem Lebensraum, in dem die Nahrungsquellen je nach Umweltbedingungen schwanken können.

4. **Fortpflanzungsstrategie:**
Wie viele kleine Rifffische hat der Zwerggrundel wahrscheinlich eine hohe Reproduktionsrate und

produziert während der Brutzeit eine große Anzahl an Eiern. Dies stellt sicher, dass, obwohl viele seiner Nachkommen größeren Fischen zum Opfer fallen, genug überleben, um die Population aufrechtzuerhalten. Diese Fortpflanzungsstrategie ist in einem Ökosystem, in dem kleinere Arten oft kaum Chancen haben, von entscheidender Bedeutung.

5. **Widerstandsfähigkeit gegenüber hohem Salzgehalt und hohen Temperaturen:**
Eine der bemerkenswertesten Anpassungen des Zwerggrundels ist seine Toleranz gegenüber hohem Salzgehalt und hohen Temperaturen. Die Bedingungen im Roten Meer, insbesondere in seinen nördlichen Regionen, sind weitaus extremer als in vielen anderen Meeresumgebungen. Im Laufe der Zeit hat sich der Grundel angepasst, um in diesen salzigen, warmen Gewässern zu gedeihen. Diese Spezialisierung macht ihn jedoch auch sehr anfällig für drastische Temperatur- oder Salzgehaltsschwankungen, die die Art über ihre Toleranzgrenzen hinaus treiben könnten.

Trotz seiner geringen Größe hat der Zwerggrundel eine bemerkenswerte Reihe von Anpassungen entwickelt, die es ihm ermöglichen, unter den einzigartigen und manchmal schwierigen Bedingungen des Roten Meeres zu überleben. Die Korallenriffe, die er seine Heimat nennt, sind ein entscheidender Teil dieses Überlebens, da sie ihm sowohl Schutz als auch Nahrung bieten. Da Korallenriffe jedoch zunehmend durch den Klimawandel und menschliche Aktivitäten bedroht sind, steht die Zukunft dieser Art wie vieler anderer auf dem Spiel. Mit Blick auf die Zukunft wird der Schutz der Korallenriffe von entscheidender Bedeutung sein, um sicherzustellen, dass der Zwerggrundel und sein Ökosystem weiterhin gedeihen können.

Kapitel 5: Bedrohungen für Korallenriffe und die marine Artenvielfalt

Korallenriffe wie die im Roten Meer, Heimat des Zwerggrundels, sind zunehmend durch verschiedene Umweltfaktoren und vom Menschen verursachte Faktoren bedroht. In diesem Kapitel wird untersucht, wie Klimawandel, Korallenbleiche, Versauerung der Meere, Lebensraumzerstörung und menschliche Aktivitäten wie Überfischung und Umweltverschmutzung diese fragilen Ökosysteme und die Arten, die von ihnen abhängen, gefährden.

Die Auswirkungen des Klimawandels auf Korallenriffe und Arten wie den Zwerggrundel

Der Klimawandel ist wohl die größte Bedrohung für Korallenriffe und die Meereslebewesen, die sie beherbergen. Steigende globale Temperaturen wirken sich auf verschiedene Weise auf die Ozeane aus und führen zu Bedingungen, die das empfindliche Gleichgewicht der Korallenökosysteme stören.

1. **Erhöhte Meeresoberflächentemperaturen:** Eine der unmittelbarsten Auswirkungen des Klimawandels ist die Erwärmung der Ozeane. Korallenriffe reagieren sehr empfindlich auf Temperaturschwankungen; schon ein Anstieg der Meerestemperatur um 1-2 °C über die

normale Temperatur kann zu Korallenbleiche führen. Das Rote Meer ist zwar von Natur aus wärmer, aber nicht immun gegen diese Veränderungen. Länger andauernde Einwirkung höherer Temperaturen kann die Korallen belasten und dazu führen, dass sie die symbiotischen Algen abstoßen, die ihnen Farbe verleihen und sie durch Photosynthese mit lebenswichtigen Nährstoffen versorgen.

Ohne diese Algen verlieren die Korallen nicht nur ihre leuchtenden Farben, sondern auch ihre Fähigkeit, Meereslebewesen wie den Zwerggrundel zu erhalten. Riffe, die häufig oder stark von Korallenbleiche betroffen sind, können vollständig absterben und Gebiete mit Artenvielfalt in öde Unterwasserwüsten verwandeln. Dieser Verlust des Lebensraums hätte direkte Auswirkungen auf Arten wie den Zwerggrundel, die auf Korallen als Unterschlupf, Brutplatz und Nahrungsquelle angewiesen sind.

2. **Veränderungen der Meeresströmungen und Wettermuster:** Der Klimawandel beeinflusst auch Meeresströmungen, Niederschlagsmengen und Sturmmuster. Stärkere Stürme können beispielsweise Korallenriffen physischen Schaden zufügen und empfindliche Strukturen auseinanderbrechen lassen. Veränderungen der Strömungsmuster können den Nährstofffluss beeinträchtigen und die Migration von Plankton stören, das einen wichtigen Teil der Ernährung des Zwerggrundels ausmacht. Das empfindliche Gleichgewicht der

Riffökosysteme, das bereits fein auf die örtlichen Gegebenheiten abgestimmt ist, könnte durch diese umfassenderen Veränderungen gestört werden, was sowohl Korallen als auch Meeresarten zusätzlichen Stress aussetzt.

Korallenbleiche, Ozeanversauerung und Lebensraumzerstörung

Während die unmittelbarste Bedrohung für die Korallenriffe der Temperaturanstieg ist, tragen auch andere Faktoren zu ihrem Rückgang bei. An erster Stelle stehen dabei Korallenbleiche, Versauerung der Meere und die Zerstörung von Lebensräumen.

1. **Korallenbleiche:** Wie bereits erwähnt, kommt es zur Korallenbleiche, wenn Korallen ihre symbiotischen Algen aufgrund von Stress verlieren, der hauptsächlich durch Hitzestress verursacht wird. In den letzten Jahren sind Bleichereignisse häufiger und schwerwiegender geworden, sodass viele Riffe Schwierigkeiten haben, sich zu erholen. Einige Bereiche des Great Barrier Reef beispielsweise haben aufgrund wiederholter Bleichereignisse über 50 % ihrer Korallenbedeckung verloren.

   Populärwissenschaft

   . Obwohl die Korallen des Roten Meeres eine bemerkenswerte Fähigkeit gezeigt haben, höheren Temperaturen standzuhalten, sind sie nicht unverwundbar. Wiederholte Bleichereignisse könnten ihre Widerstandsfähigkeit untergraben und dem mürrischen Zwerggrundel den Schutz und die Ressourcen entziehen, die er zum Überleben braucht.

2. **Versauerung der Ozeane:** Ein weiteres Nebenprodukt des Klimawandels ist die Versauerung der Ozeane, die dadurch verursacht wird, dass die Ozeane überschüssiges Kohlendioxid aus der Atmosphäre absorbieren. Wenn sich CO2 im Meerwasser löst, bildet es Kohlensäure, die den pH-Wert des Wassers senkt. Dieser Säureanstieg erschwert es Korallen, die Kalziumkarbonatskelette zu bilden, die die Struktur der Riffe bilden. Schwächung der Korallenstrukturen könnte zum Zusammenbruch ganzer Riffsysteme führen und Arten wie den Zwerggrundel, deren Überleben von diesen Riffen abhängt, weiter gefährden.

Die Versauerung wirkt sich auch auf andere Meeresarten aus, wie Schalentiere und Plankton, die eine wichtige Rolle im Nahrungsnetz spielen. Wenn die Verfügbarkeit dieser Organismen abnimmt, könnte das gesamte Ökosystem darunter leiden. Der Zwerggrundel, der sich von Plankton und anderen kleinen Wirbellosen ernährt, wäre von solchen Veränderungen direkt betroffen und würde mit Nahrungsknappheit konfrontiert sein, da seine Beutepopulationen schrumpfen.

3. **Lebensraumzerstörung**:Neben klimabedingten Bedrohungen verursachen menschliche Aktivitäten weiterhin erhebliche Schäden an Korallenriffen. Küstenentwicklung, Baggerarbeiten und zerstörerische Fischereipraktiken wie die Sprengfischerei können Riffsysteme physisch beschädigen oder zerstören. Im Roten Meer hat die rasante Entwicklung des Tourismus den Druck auf die Korallenriffe erhöht, wobei Tauch- und Schnorchelaktivitäten manchmal zu Korallenbrüchen oder Ankerschäden beitragen.

Zerstörung des Lebensraumsstört das komplexe Lebensnetz, das in Korallenökosystemen existiert, verdrängt Arten und fragmentiert Populationen. Für kleine Arten wie den Zwerggrundel, deren Schutz auf bestimmte Korallenformationen angewiesen ist, kann die Zerstörung ihres Lebensraums katastrophale Folgen haben.

Wie Überfischung und Verschmutzung Meereslebewesen gefährden

Neben den Umweltbelastungen werden die Korallenriffe und die von ihnen abhängigen Arten auch durch menschliche Aktivitäten wie Überfischung und Verschmutzung zusätzlich gefährdet.

1. **Überfischung**:Überfischung hat einen kaskadierenden Effekt auf die Ökosysteme der Korallenriffe. Große Fische, die oft das Ziel der

Fischerei sind, spielen eine entscheidende Rolle bei der Aufrechterhaltung des Gleichgewichts der Riffsysteme, indem sie die Populationen pflanzenfressender Fische und wirbelloser Tiere in Schach halten. Wenn diese Raubtierarten entfernt werden, können die Populationen pflanzenfressender Fische stark ansteigen, was zu einer Überweidung der Algen führt, die die Korallenriffe ersticken können.

Andererseits hat in manchen Gegenden die Überfischung pflanzenfressender Arten wie Papageienfische und Doktorfische zu einem übermäßigen Algenwachstum geführt, das den Korallen Platz und Sonnenlicht wegnimmt. Diese Entwicklung kann zum Zusammenbruch des Riffökosystems führen und dem mürrischen Zwerggrundel seinen Unterschlupf und seine Nahrungsquellen nehmen.

2. **Verschmutzung**:Verschmutzung aus verschiedenen Quellen – wie Plastikmüll, Ölverschmutzungen und chemische Abschwemmungen aus der Landwirtschaft – hat tiefgreifende Auswirkungen auf Korallenriffe. Mikroplastik beispielsweise kann von Meeresorganismen, einschließlich Plankton, aufgenommen werden und die Nahrungskette stören. Chemische Schadstoffe, insbesondere Düngemittel und Pestizide, können zur Eutrophierung führen, bei der Nährstoffüberladungen massive Algenblüten verursachen, die Korallenriffe ersticken.

Sedimentation durch Küstenentwicklung kann das Wasser auch trüben, sodass das Sonnenlicht die Korallen nicht erreicht und der Photosyntheseprozess gestört wird, der für ihr Überleben entscheidend ist. Für den Zwerggrundel kann dies eine eingeschränkte Sicht bedeuten, was ihm die Jagd auf Beute erschwert und ihn anfälliger für Raubtiere macht.

Korallenriffe, darunter auch die im Roten Meer, befinden sich an einem kritischen Punkt. Bedrohungen durch Klimawandel, Lebensraumzerstörung, Überfischung und Verschmutzung kommen zusammen und schaffen eine herausfordernde Umgebung für das Meeresleben. Da wir weiterhin die Degradierung der Korallenriffe weltweit beobachten, wird es immer wichtiger, den Schutzbemühungen Priorität einzuräumen. Für Arten wie den Zwerggrundel würde der Verlust von Korallenökosystemen nicht nur den Verlust eines Lebensraums bedeuten, sondern auch eine erhebliche Bedrohung für ihr Überleben.

Kapitel 6: Die Rolle kleiner Fische im Ökosystem Korallenriffe

Trotz ihrer Größe spielen kleine Fische wie der mürrische Zwerggrundel eine wesentliche Rolle für die Gesundheit und Stabilität der Ökosysteme von Korallenriffen. In diesem Kapitel wird erläutert, warum diese kleineren Arten wichtig sind, wie sie in das Netz voneinander abhängiger Organismen im Riff passen und warum der Erhalt der Artenvielfalt, insbesondere der winzigen Arten, für die Aufrechterhaltung des ökologischen Gleichgewichts von Korallenriffen von entscheidender Bedeutung ist.

Warum kleine Arten wie der Grumpy Dwarfgoby wichtig sind

1. **Ökosystem-Ingenieure im Kleinen**Kleine Fischarten wie der mürrische Zwerggrundel wirken vielleicht nicht so beeindruckend wie größere Raubfische, aber sie sind für das Funktionieren von Korallenriffen lebenswichtig. Ihre Anwesenheit erhält Mikrohabitate innerhalb des Riffs und bietet anderen kleinen Meeresorganismen sowohl Schutz als auch Nahrungsquellen. Beispielsweise bewohnt der Zwerggrundel oft Winkel und Spalten in algenbedeckten Korallenriffen und verhindert so, dass diese Bereiche von Algen überwuchert werden, die sonst die Korallen ersticken könnten.

Darüber hinaus schafft ihre Fähigkeit, kleine, versteckte Räume zu finden und zu nutzen, sichere Zufluchtsorte für Larven anderer Fischarten, die Schutz vor Raubtieren brauchen. Auf diese Weise spielt der mürrische Zwerggrundel eine Rolle bei der Aufzuchtfunktion von Korallenriffen – wo junge Fische wachsen können, bis sie groß genug sind, um im offenen Ozean zu überleben.

2. **Beiträge zum Nahrungsnetz**:Obwohl diese Fische klein sind, sind sie ein wesentlicher Bestandteil des Nahrungsnetzes der Riffe. Sie ernähren sich von Plankton und anderen winzigen Wirbellosen und helfen, die Populationen dieser Organismen zu regulieren. Ohne kleine Arten wie den Zwerggrundel, die den Planktonspiegel kontrollieren, könnte es im Ökosystem zu einer Überbevölkerung dieser Arten kommen, was das empfindliche Gleichgewicht, von dem Korallenriffe abhängen, stören würde.

Der mürrische Zwerggrundel wiederum dient als Beute für größere Arten wie Zackenbarsche und Muränen. Als integraler Bestandteil der Nahrungskette tragen diese kleinen Fische dazu bei, die Populationen größerer Raubtiere zu erhalten, die wiederum die Populationen anderer Arten in Schach halten. Ihre Anwesenheit stellt sicher, dass Nährstoffe im gesamten Ökosystem zirkulieren, was die Artenvielfalt fördert und das Riff gesund hält.

Die gegenseitige Abhängigkeit der Organismen im Korallenriff

Korallenriffe gehören zu den vielfältigsten Ökosystemen der Erde und beherbergen Tausende Arten, die auf komplexe und voneinander abhängige Weise miteinander interagieren. Der mürrische Zwerggrundel ist nur ein Teil dieses riesigen ökologischen Puzzles, aber seine Rolle bei der Aufrechterhaltung des Gleichgewichts ist entscheidend.

1. **Symbiotische Beziehungen:**Korallenriffe werden durch Symbiose erhalten, bei der verschiedene Arten voneinander abhängig sind, um zu überleben. Korallen selbst haben beispielsweise eine symbiotische Beziehung mit Zooxanthellen, den Algen, die in ihren Geweben leben und durch Photosynthese Energie liefern. Der mürrische Zwerggrundel profitiert von diesem System, da gesunde Korallen eine blühende Umgebung voller Ressourcen für die Fische unterstützen.

   Über die direkte Interaktion mit Korallen hinaus können Arten wie der Große Zwerggrundel mutualistische Beziehungen mit anderen Riffbewohnern eingehen, etwa mit Putzerfischen, die bei der Entfernung von Parasiten helfen, oder Aasfressern, die organisches Material fressen und so die Umwelt sauber halten.

2. **Der Dominoeffekt des Artensterbens:** Das Ökosystem der Korallenriffe ist auf das Fortbestehen selbst seiner kleinsten Bewohner angewiesen. Der Verlust kleiner Fischarten wie des Zwerggrundels kann einen kaskadierenden Effekt auf das gesamte Ökosystem haben. Ohne sie könnten die Mikrohabitate, die sie aufrechterhalten, von schädlichen Algen überwuchert werden, das Nahrungsnetz würde leiden und größere Raubtiere würden eine Nahrungsquelle verlieren, was möglicherweise auch zu ihrem Aussterben führen würde.

Diese komplexen Zusammenhänge bedeuten, dass jeder Organismus zur allgemeinen Widerstandsfähigkeit des Riffs beiträgt. Korallenriffe leben von Vielfalt, wobei jeder Organismus, egal wie klein, eine Rolle für sein Überleben spielt. Ein Rückgang der Artenvielfalt kann das gesamte System anfälliger für Umweltbelastungen wie Klimawandel, Überfischung und Verschmutzung machen.

Die ökologische Bedeutung der Erhaltung der Biodiversität

1. **Biodiversität als Puffer:** Das Vorhandensein einer großen Artenvielfalt sorgt dafür, dass Korallenriffe widerstandsfähiger gegenüber Veränderungen der Umweltbedingungen sind. Die Artenvielfalt bietet einen ökologischen Puffer – wenn eine Art verloren geht, können andere oft ihre Rolle übernehmen, sodass das Ökosystem weiter funktionieren kann. Mit dem

Verlust mehrerer Arten nimmt jedoch die Anpassungsfähigkeit des Ökosystems ab, wodurch es wahrscheinlicher wird, dass es unter Stress zusammenbricht.

Bei kleinen Arten wie dem Zwerggrundel ist ihre Rolle im Nährstoffkreislauf, bei der Jagd und bei der Erhaltung des Mikrohabitats unersetzlich durch größere oder weniger spezialisierte Arten. Da Korallenriffe durch den Klimawandel und menschliche Aktivitäten zunehmend unter Druck geraten, wird der Schutz dieser kleinen, oft übersehenen Arten noch wichtiger.

2. **Auswirkungen auf Schlüsselarten**:Obwohl sie klein sind, könnten Arten wie der Grumpy Dwarf Goby in ihren spezifischen Nischen als Schlüsselarten angesehen werden. Eine Schlüsselart ist eine Art, deren Anwesenheit oder Abwesenheit die Struktur des Ökosystems erheblich beeinflusst. Obwohl sie normalerweise als große Raubtiere angesehen werden, üben einige kleine Fische einen unverhältnismäßig großen Einfluss auf die Gesundheit und Funktion ihrer Umgebung aus.

Indem er das Gleichgewicht der Mikrohabitate aufrechterhält, die Beutepopulationen reguliert und zum komplexen Nahrungsnetz des Riffs beiträgt, spielt der Zwerggrundel eine Schlüsselrolle im Ökosystem der Korallenriffe. Der Schutz kleiner Arten wie dieser ist für die langfristige Nachhaltigkeit der Korallenriffe von entscheidender Bedeutung.

Zusammenfassend lässt sich sagen, dass kleine Arten wie der Zwerggrundel, obwohl sie oft übersehen werden, für die Funktion und Gesundheit von Korallenriff-Ökosystemen von entscheidender Bedeutung sind. Ihr Beitrag zum Nährstoffkreislauf, zur Erhaltung des Lebensraums und zur Artenvielfalt zeigt, wie wichtig es ist, selbst die kleinsten Organismen zu schützen. Wenn wir dafür sorgen, dass diese Fische weiterhin gedeihen, unterstützen wir nicht nur die Riffe, die sie ihr Zuhause nennen, sondern tragen auch zur allgemeinen Gesundheit unserer Ozeane bei.

Kapitel 7: Naturschutz und was wir tun können

Korallenriffe sind für die Artenvielfalt der Meere unverzichtbar und bilden die Grundlage für Ökosysteme, die unzählige Arten beheimaten, darunter auch den neu entdeckten Zwerggrundel. Leider sind diese lebenswichtigen Ökosysteme aus verschiedenen Gründen bedroht. In diesem Kapitel untersuchen wir aktuelle Naturschutzbemühungen im Roten Meer und ähnlichen Lebensräumen, zeigen den Lesern praktische Möglichkeiten auf, sich für den Meeresschutz zu engagieren, und bieten Einzelpersonen konkrete Schritte, um ihre Umweltbelastung zu reduzieren.

Aktuelle Bemühungen zum Schutz des Roten Meeres und seiner Bewohner

Mehrere internationale und lokale Initiativen arbeiten aktiv am Schutz des Roten Meeres, seiner Korallenriffe und der Arten, die von ihnen abhängig sind, darunter auch der Zwerggrundel. Diese Bemühungen konzentrieren sich auf die Erhaltung, Wiederherstellung und nachhaltige Bewirtschaftung der Meeresumwelt.

1. **Meeresschutzgebiete**: Eine der wichtigsten Strategien zum Schutz der Artenvielfalt im Meer ist die Einrichtung von Meeresschutzgebieten (MPAs). Diese ausgewiesenen Zonen schränken schädliche Aktivitäten wie Fischerei, Umweltverschmutzung und Küstenentwicklung

ein. Meeresschutzgebiete im Roten Meer sollen Korallenriffe vor Übernutzung schützen und gleichzeitig den Ökosystemen eine natürliche Regeneration ermöglichen. Insbesondere Gebiete wie das Meeresschutzgebiet der Farasan-Inseln in Saudi-Arabien und der Ras Mohammed-Nationalpark in Ägypten schützen ausgedehnte Korallenriffe und ihre Bewohner vor menschlicher Einmischung. Die Einrichtung weiterer Meeresschutzgebiete rund um das Rote Meer, auch in Regionen, in denen der Zwerggrundel gefunden wurde, ist ein entscheidender Schritt zum Schutz des Meereslebens.

2. **Korallenrestaurierungsprojekte:** **Korallenrestaurierung**ist eine weitere wichtige Initiative im Roten Meer. In vielen Regionen werden Anstrengungen unternommen, beschädigte Korallen wieder anzupflanzen oder neue Korallenfragmente zu züchten. Diese Projekte konzentrieren sich auf die Wiederauffüllung von Korallen, die durch Bleiche oder physische Schäden durch menschliche Aktivitäten verloren gegangen sind. Innovative Methoden wie Korallengärten oder künstliche Riffstrukturen werden eingesetzt, um das Korallenwachstum zu fördern und Ökosysteme schneller regenerieren zu lassen. Indem diese Initiativen dafür sorgen, dass die Riffe gesund bleiben, unterstützen sie indirekt das Überleben von Arten wie dem Zwerggrundel.

3. **Nachhaltiger Tourismus und Entwicklung:** Das Rote Meer ist ein beliebtes Ziel für Taucher und Touristen, aber ohne

angemessenes Management können diese Aktivitäten empfindliche Ökosysteme schädigen. Um dem entgegenzuwirken, haben lokale Regierungen und internationale Organisationen begonnen, nachhaltige Tourismuspraktiken zu fördern, bei denen der Schutz der Korallenriffe im Vordergrund steht. Programme, die Touristen rifffreundliches Verhalten beibringen – wie das Vermeiden des Berührens von Korallen oder das Verwenden riffsicherer Sonnenschutzmittel – sind entscheidend, um die Auswirkungen des Menschen auf das Meer zu minimieren.

Die Regierungen drängen auch auf eine nachhaltige Küstenentwicklung und sorgen dafür, dass Resorts, Häfen und andere Infrastruktur so konzipiert werden, dass ihr ökologischer Fußabdruck minimiert wird. Nachhaltige Entwicklung hilft, Lebensräume wie den zu schützen, in dem der Zwerggrundel gedeiht.

Wie Leser zum Meeresschutz beitragen können

Während groß angelegte Naturschutzprojekte unerlässlich sind, können auch individuelle Maßnahmen bedeutende Auswirkungen haben. So können sich Leser zum Schutz mariner Ökosysteme wie denen im Roten Meer engagieren:

1. **Unterstützen Sie Meeresschutzorganisationen:**Eine der einfachsten Möglichkeiten, einen Beitrag zu

leisten, ist eine Spende oder Freiwilligenarbeit für Organisationen, die sich dem Meeresschutz widmen. Gruppen wie die Coral Restoration Foundation, Ocean Conservancy und das Marine Conservation Institute führen weltweit Projekte durch, um Korallenriffe zu schützen, beschädigte Ökosysteme wiederherzustellen und das Bewusstsein für Meeresprobleme zu schärfen.

Viele dieser Organisationen bieten der Öffentlichkeit die Möglichkeit, sich direkt zu engagieren, sei es durch Freiwilligenprogramme, Strandsäuberungen oder Aufklärungskampagnen. Indem sie sich an diesen Bemühungen beteiligen, können die Leser einen direkten Beitrag zum Erhalt der Artenvielfalt der Ozeane leisten.

2. **Adoptieren Sie eine Koralle oder ein Meerestier**:Einige Organisationen bieten Programme an, bei denen Einzelpersonen eine Koralle, ein Meerestier oder sogar einen bestimmten Teil eines Riffs adoptieren können. Diese symbolischen Adoptionen helfen dabei, laufende Naturschutzbemühungen zu finanzieren und das Bewusstsein zu schärfen. Programme wie „Adopt A Coral" ermöglichen es den Teilnehmern, Korallenfragmente zu sponsern, die neu gepflanzt werden, und so direkt zur Wiederherstellung des Korallenriffs beizutragen.
3. **Beteiligen Sie sich an Citizen Science**: **Citizen Science Projekte**ermöglichen es normalen Menschen, Forscher bei der Überwachung mariner Ökosysteme zu

unterstützen. Taucher können beispielsweise Korallenbleiche oder ungewöhnliche Fischsichtungen melden und Wissenschaftlern so dabei helfen, den Gesundheitszustand von Riffen zu verfolgen und Veränderungen in der Artenvielfalt zu erkennen. Plattformen wie iNaturalist und Reef Check laden Teilnehmer ein, Beobachtungen von Tauchgängen oder Strandspaziergängen zu teilen und liefern so wertvolle Daten für Forscher, die marine Ökosysteme wie dasjenige untersuchen, in dem der Zwerggrundel lebt.

Praktische Schritte für Einzelpersonen zur Reduzierung ihres ökologischen Fußabdrucks

Um den Druck auf die Meeresökosysteme zu verringern, ist es entscheidend, unseren kollektiven ökologischen Fußabdruck zu verringern. Hier sind einige einfache, aber wirksame Möglichkeiten, wie jeder Einzelne seinen Einfluss verringern kann:

1. **Reduzieren Sie den Plastikverbrauch**:Plastikmüll, insbesondere Einwegplastik, ist einer der am weitesten verbreiteten Schadstoffe im Meer. Um die Plastikverschmutzung zu reduzieren, können Einzelpersonen:
    - **Verwenden Sie wiederverwendbare Taschen, Flaschen und Behälter**anstelle von Einwegplastik.
    - **Vermeiden Sie Produkte mit übermäßiger Verpackung**und wählen Sie,

- wann immer möglich, Alternativen zu Kunststoff.
- Beteiligen Sie sich an Strand- oder Flusssäuberungsaktionen und helfen Sie dabei, Plastikmüll zu entfernen, bevor er das Meer erreicht.

2. **Wählen Sie nachhaltige Meeresfrüchte**: **Überfischung**ist eine der größten Bedrohungen für die Artenvielfalt der Meere. Daher kann die Entscheidung für nachhaltigen Fischfang einen großen Unterschied machen. Organisationen wie der Marine Stewardship Council (MSC) stellen Zertifizierungen für Fisch und Meeresfrüchte aus nachhaltiger Produktion aus. Durch den Kauf zertifizierter Produkte können Einzelpersonen dazu beitragen, die Überfischung zu reduzieren und Meeresarten zu schützen.

3. **Reduzieren Sie den CO2-Ausstoß**:Der Klimawandel ist eine der größten Bedrohungen für Korallenriffe und das Meeresleben. Daher ist die Reduzierung Ihres CO2-Fußabdrucks eine wichtige Möglichkeit, den Meeresschutz zu unterstützen. Zu den praktischen Schritten gehören:
    - **Energieeffiziente Geräte nutzen**und die Reduzierung des Energieverbrauchs.
    - **Entscheidung für öffentliche Verkehrsmittel**, Fahrrad fahren oder zu Fuß gehen, anstatt mit dem Auto zu fahren.
    - Unterstützung von Maßnahmen zur Förderung erneuerbarer Energien und Initiativen zur Kohlendioxidreduzierung.

4. **Entscheiden Sie sich für umweltfreundlichen Tourismus**:Für diejenigen, die Reisen zu Korallenriffen planen,

ist es wichtig, nachhaltige Tourismusanbieter zu wählen. Suchen Sie nach Unternehmen, die dem Schutz der Riffe Priorität einräumen, die Besucherzahlen begrenzen und Touristen beibringen, wie sie das Riff genießen können, ohne Schaden zu verursachen. Touristen können auch helfen, indem sie riffsichere Sonnenschutzmittel unterstützen, die keine schädlichen Chemikalien wie Oxybenzon enthalten, die zur Korallenbleiche beitragen.

Kapitel 8: Weitere Wunder des Roten Meeres

Das Rote Meer ist ein Hotspot der Artenvielfalt und bekannt für seine üppigen Korallenriffe und sein einzigartiges Meeresleben. In diesem Kapitel erkunden wir weitere faszinierende Arten in dieser Region, untersuchen, warum das Ökosystem des Roten Meeres eines der ökologisch wertvollsten der Erde ist, und diskutieren die Zukunft der Meeresforschung in dieser einzigartigen Umgebung.

Andere faszinierende Arten der Korallenriffe des Roten Meeres

Das Rote Meer ist Heimat einer Vielzahl von Arten, die nirgendwo sonst auf der Welt vorkommen. Seine Korallenriffe beherbergen über 1.200 Fischarten, von denen 10 % in dieser Region endemisch sind. Zu den faszinierendsten Arten gehören:

1. **Napoleon-Lippfisch (*Cheilinus undulatus*)**: Dieser große, farbenfrohe Fisch ist ein beliebter Anblick für Taucher. Der Napoleon-Lippfisch ist für seinen charakteristischen Stirnhöcker und seine leuchtenden Grün-, Blau- und Gelbtöne bekannt und spielt eine wichtige Rolle bei der Erhaltung gesunder Korallenriffe, indem er die Populationen schädlicher Wirbelloser wie Dornenkronenseesterne in Schach hält.
2. **Wimpelfisch im Roten Meer (*Heniochus intermedius*)**: Der Wimpelfisch des Roten Meeres besticht durch seine lange, fließende

Rückenflosse und die kräftigen schwarzen, weißen und gelben Streifen. Er bildet Schwärme in der Nähe von Korallenriffen und ernährt sich hauptsächlich von Plankton. Seine Anwesenheit trägt zum Gleichgewicht des marinen Nahrungsnetzes bei und hält die Planktonpopulationen in Schach.

3. **Masken-Falterfisch (*Chaetodon semilarvatus*)**: Der Masken-Falterfisch ist einer der bekanntesten Fische des Roten Meeres und lässt sich leicht an seiner leuchtend gelben Farbe und der deutlich erkennbaren blauen „Maske" um seine Augen erkennen. Diese Fische sind oft paarweise anzutreffen und sind für die Gesundheit der Korallen von entscheidender Bedeutung, da sie sich von Polypen ernähren, übermäßiges Korallenwachstum kontrollieren und die Riffstruktur aufrechterhalten.
4. **Clownfische aus dem Roten Meer (*Amphiprion bicinctus*)**: Wie seine berühmten Verwandten im Indo-Pazifik lebt der Clownfisch im Roten Meer in einer symbiotischen Beziehung mit Seeanemonen. Diese Fische finden Schutz in den stechenden Tentakeln der Anemonen und helfen gleichzeitig, sie zu reinigen, indem sie Schmutz und Parasiten entfernen.
5. **Riesenmuräne (*Gymnothorax javanicus*)**: Die Riesenmuräne, die bis zu 3 Meter lang werden kann, ist einer der größten Raubtiere im Korallenökosystem des Roten Meeres. Mit ihren kräftigen Kiefern und ihrem ausgeprägten Geruchssinn jagt sie nachts und spielt eine wichtige Rolle bei der Regulierung der Fischpopulationen.

Diese Arten veranschaulichen die unglaubliche Artenvielfalt der Korallenriffe des Roten Meeres. Jeder Organismus, vom kleinen Wirbellosen bis zum Spitzenprädator, trägt zu einem komplexen Netz gegenseitiger Abhängigkeit bei und sichert so die Widerstandsfähigkeit und das Überleben dieses fragilen Ökosystems.

Warum die Artenvielfalt des Roten Meeres ökologisch wertvoll ist

Die Artenvielfalt des Roten Meeres ist das Ergebnis seiner einzigartigen geografischen und ökologischen Eigenschaften. Im Gegensatz zu vielen anderen Korallenökosystemen weist das Rote Meer einen relativ hohen Salzgehalt und hohe Wassertemperaturen auf, was eine besondere Gruppe von Arten hervorbringt, die an diese Bedingungen angepasst sind.

1. Endemismus und evolutionäre Bedeutung: Die isolierte Lage des Roten Meeres, umgeben von Wüsten und mit begrenztem Süßwasserzufluss, hat zu einem hohen Grad an Endemismus geführt. Das bedeutet, dass sich viele der in dieser Region vorkommenden Arten als Reaktion auf die spezifischen Umweltherausforderungen entwickelt haben, was sie einzigartig im Roten Meer macht. Endemische Arten wie der Clownfisch im Roten Meer und bestimmte Korallen zeigen die evolutionäre Bedeutung dieser Region und dienen als lebende Laboratorien für die Untersuchung von Anpassung und Artbildung unter extremen Bedingungen.

2. Widerstandsfähigkeit gegenüber dem Klimawandel: Die Korallenriffe im Roten Meer, insbesondere in den nördlichen Gebieten, haben eine bemerkenswerte Widerstandsfähigkeit gegenüber den Auswirkungen des Klimawandels gezeigt. Während die Korallenbleiche Riffe in anderen Teilen der Welt zerstört hat, haben die Korallen im Roten Meer eine höhere Toleranz gegenüber erhöhten Meerestemperaturen gezeigt. Dies ist insbesondere angesichts der weltweiten Bemühungen, die Auswirkungen der Erwärmung der Ozeane auf die Korallenökosysteme zu verstehen und abzumildern, von Bedeutung.

3. Ökonomische und ökologische Leistungen: Die Riffe des Roten Meeres sind nicht nur Hotspots der Artenvielfalt, sondern bieten auch lebenswichtige ökologische Dienste. Sie schützen die Küsten vor Erosion, unterstützen die Fischerei, von der die lokale Bevölkerung abhängig ist, und ziehen Touristen aus aller Welt an. Korallenriffe tragen durch Ökotourismus und Fischereiindustrie jährlich Milliarden von Dollar zur Wirtschaft angrenzender Länder wie Ägypten, Saudi-Arabien und Jordanien bei.

Darüber hinaus dienen Korallenriffe als Brutstätten für Jungfische und sichern so den Fortbestand von Arten, die für den Erhalt der Artenvielfalt im Meer von entscheidender Bedeutung sind. Die Riffe des Roten Meeres beherbergen eine große Artenvielfalt und tragen so zur Stabilität der weltweiten Fischpopulationen bei, die für die Ernährungssicherheit von entscheidender Bedeutung ist.

Zukünftige Aussichten für die Meeresforschung im Roten Meer

Als eine der am wenigsten erforschten Meeresregionen bietet das Rote Meer ein enormes Potenzial für zukünftige Entdeckungen. Fortschrittliche Meeresforschungstechnologien eröffnen neue Möglichkeiten zur Erforschung dieses reichen Ökosystems. Zu den wichtigsten Schwerpunktbereichen gehören:

1. **Tiefseeforschung**: Während die flachen Korallenriffe des Roten Meeres große Aufmerksamkeit auf sich ziehen, sind die tieferen Gewässer noch weitgehend unerforscht. Jüngste Expeditionen haben begonnen, die Geheimnisse der Tiefsee zu enthüllen, in denen einzigartige Organismen unter extremen Bedingungen gedeihen. Moderne Tauchboote und ferngesteuerte Fahrzeuge (ROVs) helfen Wissenschaftlern bei der Erforschung von Tiefseearten und -ökosystemen und bieten Einblicke in bisher unbekannte Artenvielfalt im Meer.
2. **Marine Biotechnologie**: Das Rote Meer ist ein vielversprechendes Gebiet für die Meeresbiotechnologie, insbesondere im Bereich der Pharmazeutika. Einzigartige Arten von Meeresschwämmen, Algen und Bakterien, die in dieser Region vorkommen, werden auf ihr Potenzial untersucht, neuartige bioaktive Verbindungen zu produzieren, die zur Entwicklung neuer Medikamente führen könnten. Die Erforschung dieser Organismen

könnte die Behandlung von Krankheiten wie Krebs und bakteriellen Infektionen revolutionieren.
3. **Initiativen zur Erhaltung und Wiederherstellung**: Da die Bedrohungen durch Klimawandel und menschliches Handeln immer größer werden, hängt die Zukunft der Korallenriffe des Roten Meeres von wirksamen Schutzbemühungen ab. Meeresschutzgebiete (MPAs) und Projekte zur Korallenrestaurierung sind für das Überleben der Artenvielfalt in der Region von entscheidender Bedeutung. Die Anwendung neuer Technologien wie künstliche Riffe und Korallenaufzucht kann dazu beitragen, beschädigte Ökosysteme wiederherzustellen und Arten zu schützen, die durch Umweltveränderungen anfällig sind.
4. **Zusammenarbeit zwischen Nationen**: Das Rote Meer grenzt an mehrere Länder, weshalb internationale Zusammenarbeit für seinen Schutz und seine Erforschung unabdingbar ist. Organisationen wie das von Saudi-Arabien geleitete Red Sea Project fördern nachhaltigen Tourismus und investieren gleichzeitig in Naturschutzbemühungen. Darüber hinaus zielen gemeinsame wissenschaftliche Initiativen zwischen Ländern wie Ägypten, Jordanien und Israel darauf ab, ein besseres Verständnis der Ökosysteme des Roten Meeres zu fördern und sicherzustellen, dass zukünftige Erkundungen sowohl produktiv als auch umweltverträglich sind.

Das Rote Meer ist eine der ökologisch wertvollsten Meeresregionen der Erde, voller einzigartiger Arten und mit einer reichen Evolutionsgeschichte. Seine Korallenriffe sind nicht nur ein Paradies für die Artenvielfalt, sondern versprechen auch zukünftige Entdeckungen in Wissenschaft, Medizin und Naturschutz. Während wir seine Tiefen weiter erforschen und seine Geheimnisse lüften, wird immer deutlicher, dass der Schutz dieser Region für die Zukunft des Meereslebens und der Menschheit gleichermaßen von entscheidender Bedeutung ist.

Kapitel 9: Ein genauerer Blick – Vergleich des Grumpy Dwarfgoby mit anderen Zwerggrundelarten

Die Entdeckung des Zwerggrundels (Sueviota aethon) hat nicht nur wegen seines auffälligen Aussehens, sondern auch wegen der Erkenntnisse, die es über die größere Familie der Grundelfische liefert, große Aufmerksamkeit erregt. In diesem Kapitel werden wir untersuchen, wie sich der Zwerggrundel im Vergleich zu anderen Zwerggrundelarten in Bezug auf seine körperlichen Merkmale, seine ökologische Rolle und seine evolutionären Anpassungen schlägt. Das Verständnis dieser Unterschiede und Ähnlichkeiten gibt Aufschluss über den evolutionären Druck, der Grundelarten prägt, und ihre einzigartigen Anpassungen an ihre Umwelt.

Unterschiede und Ähnlichkeiten mit anderen Grundelarten
Größe und Morphologie

Der Grumpy Dwarfgoby ist ein kleiner Fisch, der normalerweise weniger als 2 cm lang ist und damit zu den kleineren Mitgliedern der Grundelfamilie gehört. Während diese Größe für viele Arten der Gattung Sueviota charakteristisch ist, zeichnet sich der Grumpy Dwarfgoby durch seine ausgeprägten Gesichtszüge aus, insbesondere durch sein nach oben gerichtetes Maul und seine markanten eckzahnartigen Zähne, die ihm sein charakteristisches „grumpy" Aussehen verleihen. Diese Merkmale sind bei Grundeln selten, wodurch sich Sueviota aethon von seinen Verwandten abhebt.

- **Pyrios Sueviota**, ein enger Verwandter des Grumpy Dwarf Goby, weist ähnliche kleine Abmessungen auf, besitzt aber nicht die ausgeprägten Zahnmerkmale und den „finsteren" Gesichtsausdruck, die S. aethon sein unverwechselbares Aussehen verleihen. Stattdessen hat S. pyrios einen stromlinienförmigeren Körper und ist in Bezug auf die Gesichtsstruktur weniger spezialisiert, was auf andere Ernährungsstrategien hindeutet.
- Im Vergleich dazu sind Arten wie der Flammende Zwerggrundel (Trimma caesiura) aus dem Indo-Pazifik-Raum ebenfalls klein, haben aber eine kräftigere Färbung mit roten und gelben Farbtönen und keinen mürrischen Gesichtsausdruck. Ihre Fressapparate sind weniger spezialisiert und verlassen sich eher auf Saugen als auf die zahnmedizinischen Anpassungen, die beim mürrischen Zwerggrundel zu sehen sind.

Lebensraumpräferenzen

Wie andere Zwerggrundeln ist auch der Zwerggrundel eng mit Korallenriffen verbunden, insbesondere mit denen im Roten Meer, die mit roten Korallenalgen bedeckt sind. Diese Vorliebe für algenbedeckte Korallenspalten teilen mehrere andere Grundelarten, die die komplexen Strukturen von Korallenriffen ebenfalls zum Schutz und zur Nahrungsaufnahme nutzen.

- **Sueviota atrinasa**, eine weitere Art derselben Gattung, bevorzugt felsige Korallenumgebungen, ist aber weniger wählerisch, was rote Korallenalgen angeht. Der Grumpy Dwarfgoby hingegen ist stärker mit von roten Algen bedeckten Riffen verbunden, die ihm nicht nur Tarnung, sondern auch einen spezifischen Mikrohabitat mit reichem Beuteangebot bieten.
- Im Gegensatz dazu bilden einige Grundeln, wie der Neongrundel (Elacatinus oceanops), symbiotische Beziehungen mit größeren Meeresarten. Neongrundeln sind Putzerfische und entfernen Parasiten von größeren Fischen, während der Grumpy Dwarf-Grundel ein Einzelgänger ist und sich zum Schutz mehr auf seine Umgebung verlässt und weniger auf Interaktionen mit anderen Arten angewiesen ist.

Fressverhalten

Die Nahrung des Grumpy Dwarfgoby besteht größtenteils aus kleinen Krebstieren und Plankton, die er fängt, indem er Beute aus seinen Korallenverstecken heraus überfällt. Diese Art von Sitz-und-Warte-Raubstrategie ist bei kleinen Rifffischen weit verbreitet, aber die Zahnstruktur des Grumpy Dwarfgoby deutet auf eine spezialisiertere Herangehensweise beim Umgang mit seiner Beute hin.

- Im Gegensatz dazu zeigen Arten wie der Flammende Zwerggrundel (Trimma benjamini) ein aktiveres Nahrungssuchverhalten und bewegen sich durch das Riff, um in der Wassersäule kleine Wirbellose und Plankton zu finden. Die Abhängigkeit des Grumpy Dwarfgoby von Hinterhalten unterscheidet ihn sowohl in seiner Verhaltensstrategie als auch in seiner ökologischen Nische.
- Darüber hinaus ist der Blaubandgrundel (Lythrypnus dalli) für sein aggressiveres Territorialverhalten bekannt und verteidigt aktiv seine Futterplätze. Der Grumpy Dwarf-Grundel hingegen neigt dazu, Bedrohungen auszuweichen, indem er sich schnell in seine Spalten zurückzieht und sich dabei eher auf Heimlichkeit und Tarnung verlässt als auf territoriale Zurschaustellung.

Einblicke in ihre evolutionären Merkmale und Anpassungen

Die Gattung Sueviota, zu der auch der Zwerggrundel gehört, ist ein hervorragendes Beispiel dafür, wie der Evolutionsdruck in Riffökosystemen zur Spezialisierung führt. Im Laufe der Zeit haben sich Grundeln so entwickelt, dass sie ganz bestimmte Nischen im Riff besetzen können. Dabei haben sie einzigartige morphologische und verhaltensmäßige Anpassungen entwickelt, um in stark wettbewerbsorientierten Umgebungen zu überleben.

Spezialisierte Tarnung und Nischenanpassung

Die rötliche Pigmentierung des Zwerggrundels ermöglicht es ihm, sich in rote Korallenalgen einzufügen, was wichtig ist, um Raubtieren zu entgehen. Diese Art der Tarnung ist eine direkte evolutionäre Anpassung an seine Umgebung und hilft ihm, in einem Lebensraum verborgen zu bleiben, in dem es viele größere Raubtiere gibt. Diese Anpassung hat er mit einigen anderen riffbewohnenden Grundeln gemeinsam, aber die Vorliebe des Zwerggrundels für rote Algen deutet auf eine engere ökologische Nische im Vergleich zu allgemeineren Grundelarten hin.

- Im Vergleich dazu hat der Sandgrundel (Pomatoschistus minutus), der in sandigen Böden lebt, eine sandige Färbung zur Tarnung entwickelt. Dies zeigt, wie sich verschiedene Grundelarten entwickeln, um sich ihrer Umgebung anzupassen, sei es Sand, Korallen oder Algen.

Gesichtsanpassungen und Fütterungsstrategie

Die markanten Eckzähne des Zwerggrundels sind ein ungewöhnliches Merkmal für Grundeln, die normalerweise kleine, gleichmäßige Zähne haben. Diese Eckzähne haben sich wahrscheinlich entwickelt, um dem Fisch zu helfen, größere oder beweglichere Beute zu fangen und zu verarbeiten, was ihm einen Fressvorteil in seiner spezifischen Nische verschafft. Dies steht im Gegensatz zu Arten wie dem Putzergrundel (Gobiosoma evelynae), der feinere Zähne hat, die eher zum Abbeißen von Parasiten geeignet sind als zum Jagen kleiner Wirbelloser.

Widerstandsfähigkeit gegenüber Umweltveränderungen

Eines der wichtigsten evolutionären Merkmale der Grundelarten im Roten Meer, darunter auch der Zwerggrundel, ist ihre Widerstandsfähigkeit gegenüber hohem Salzgehalt und warmen Temperaturen. Das Rote Meer ist eines der wärmsten und salzigsten Meere der Welt, und seine Bewohner haben physiologische Anpassungen entwickelt, um unter diesen extremen Bedingungen zu überleben.

- So zeigt beispielsweise der Rote-Meer-Schleimfisch (Ecsenius gravieri), ein weiterer an diese Umgebung angepasster Fisch, eine ähnliche Widerstandsfähigkeit gegenüber Temperaturschwankungen und zeigt damit die große Anpassungsfähigkeit der Riffbewohner an dieses einzigartige marine Ökosystem. Wie der mürrische Zwerggrundel haben diese Arten Mechanismen entwickelt, um mit den schwierigen Bedingungen des Roten Meeres zurechtzukommen, was im Zusammenhang mit dem Klimawandel von entscheidender Bedeutung sein kann.

Der Zwerggrundel sticht unter seinen Verwandten der Grundel durch seine speziellen Gesichtszüge, einzigartigen Lebensraumpräferenzen und Fressgewohnheiten hervor. Diese Anpassungen unterstreichen den evolutionären Druck, dem kleine Rifffische ausgesetzt sind, insbesondere in der einzigartigen Umgebung des Roten Meeres. Während viele Grundeln ähnliche Merkmale aufweisen – wie geringe Größe, Lebensraum in Korallenriffen und Abhängigkeit von Tarnung –, zeigt Sueviota aethon einen spezialisierteren Ansatz zum Überleben und erobert sich seine eigene Nische innerhalb der größeren Grundelfamilie.

Kapitel 10: Die Zukunft der Meeresforschung

Die Entdeckung des Zwerggrundels (Sueviota aethon) ist eine eindringliche Erinnerung daran, wie viel noch unter der Meeresoberfläche verborgen liegt. In diesem Kapitel wird untersucht, was uns diese Entdeckung über die Zukunft der Meeresforschung verrät, wie viel es in unseren Ozeanen noch zu entdecken gibt und warum weitere Meeresforschung für die Entschlüsselung der Geheimnisse der Tiefe unerlässlich ist.

Was uns die Entdeckung des Grumpy Dwarfgoby über die Erforschung der Meere verrät

Der Fund des Grumpy Dwarfgoby im relativ gut erforschten Roten Meer unterstreicht eine entscheidende Tatsache: Trotz der Fortschritte in der Meeresforschung sind viele Arten und Ökosysteme noch immer nicht dokumentiert. Das Rote Meer, bekannt für seine reiche Artenvielfalt und ökologische Widerstandsfähigkeit, war im Fokus zahlreicher Forschungsexpeditionen, doch der Grumpy Dwarfgoby blieb bis vor kurzem unbemerkt. Dies deutet darauf hin, dass selbst in gut erforschten Meeresumgebungen kryptische und kleine Arten jahrelang unentdeckt bleiben können.

1. Aufzeigen von Biodiversitäts-Hotspots: Die Entdeckung des Grumpy Dwarfgoby unterstreicht die Bedeutung von Biodiversitäts-Hotspots wie dem Roten Meer, in denen zahlreiche endemische Arten vorkommen. Diese Ökosysteme sind entscheidend für das Verständnis der marinen Biodiversität, der Evolutionsprozesse und des ökologischen Gleichgewichts. Arten wie S. aethon zeigen, dass selbst in Regionen, die als gründlich erforscht gelten, neue Arten entstehen können, was Licht auf die verborgene Vielfalt dieser marinen Ökosysteme wirft.

2. Technologischer Fortschritt: Die Entdeckung zeigt auch, wie technologische Fortschritte die Meeresforschung revolutionieren. Moderne Werkzeuge wie ferngesteuerte Fahrzeuge (ROVs), autonome Unterwasserdrohnen und fortschrittliche genetische Analysetechniken haben es möglich gemacht, neue Arten in Gebieten zu identifizieren, die zuvor schwer zugänglich waren. Die Verwendung von DNA-Barcoding spielte beispielsweise eine wichtige Rolle bei der Bestätigung des Grumpy Dwarfgoby als neue Art. Diese Technologien sind entscheidend, um die Entdeckungsrate zu beschleunigen und unser Verständnis des Meereslebens zu vertiefen.

3. Synergie zwischen Naturschutz und Forschung: Entdeckungen wie die des Grumpy Dwarfgoby haben weitreichende Auswirkungen auf Naturschutzbemühungen. Neu identifizierte Arten dienen oft als Indikatoren für die Gesundheit von Ökosystemen. Die Präsenz des Grumpy Dwarfgoby in den widerstandsfähigen Korallenriffen des Roten Meeres unterstreicht, wie wichtig es ist, diese Ökosysteme vor Klimawandel, Überfischung und Verschmutzung zu schützen. Diese Entdeckung erfordert eine anhaltende Synergie zwischen Erforschung und Naturschutz, um sicherzustellen, dass unentdeckte Arten und die Ökosysteme, die sie bewohnen, für zukünftige Generationen erhalten bleiben.

Wie viel gibt es in unseren Ozeanen noch zu entdecken?

Die Unermesslichkeit der Weltmeere bedeutet, dass wir bisher nur an der Oberfläche der marinen Artenvielfalt gekratzt haben. Die Ozeane bedecken mehr als 70 % der Erdoberfläche, und weniger als 20 % des Meeresbodens sind detailliert kartiert. Meereswissenschaftler schätzen, dass es im Ozean Millionen unentdeckter Arten geben könnte, insbesondere in abgelegenen und tiefen Meeresgebieten. So werden beispielsweise jedes Jahr bei Expeditionen in die Tiefsee Hunderte neuer Arten entdeckt, von denen viele einzigartige Anpassungen an extreme Bedingungen aufweisen.

1. Die Tiefseegrenze: Die Tiefsee ist eine der unerforschtesten Regionen der Erde, mit Tiefen von bis zu 11.000 Metern in manchen Gebieten. Arten, die diese extremen Tiefen bewohnen, wie biolumineszierende Fische, Riesenröhrenwürmer und mysteriöse gallertartige Kreaturen, beweisen die unglaubliche Anpassungsfähigkeit des Meereslebens. Diese Ökosysteme, die für den Menschen unerreichbar sind, bleiben weitgehend unbekannt, und jede Expedition in die Tiefsee bringt Arten mit völlig neuen Verhaltensweisen, Morphologien und Überlebensmechanismen ans Licht.

2. Kryptische Arten in gut erforschten Regionen: Selbst in relativ gut erforschten Küstenregionen und

Korallenriffen wie dem Roten Meer werden immer wieder kryptische Arten entdeckt. Kryptische Arten sind solche, die sich allein aufgrund ihrer Morphologie nur schwer von bekannten Arten unterscheiden lassen. Die Entdeckung des Grumpy Dwarf Goby ist ein Beispiel dafür, wie kleine, unauffällige Arten den Forschern jahrzehntelang entgehen können. Fortschritte in der genetischen Sequenzierung haben eine wachsende Zahl kryptischer Arten aufgedeckt und unterstreichen, wie viel wir noch nicht über die Artenvielfalt in viel befahrenen Gewässern wissen.

3. Noch zu kartierende Unterwasser-Ökosysteme: Von unterseeischen Gebirgsketten bis hin zu hydrothermalen Quellen sind ganze Unterwasserökosysteme noch nicht kartiert. Diese Ökosysteme sind reich an Artenvielfalt und beherbergen einzigartige Arten, die Einblicke in die Evolution, Biologie und sogar potenzielle biomedizinische Anwendungen bieten könnten. Hydrothermale Quellen beispielsweise unterstützen Lebensformen, die auf Chemosynthese statt auf Photosynthese angewiesen sind, was weitreichende Auswirkungen auf das Verständnis des Potenzials für Leben auf anderen Planeten hat.

Die Bedeutung fortgesetzter Meeresforschung für zukünftige Entdeckungen

Die weitere Meeresforschung ist nicht nur von entscheidender Bedeutung, um unser Verständnis der biologischen Vielfalt der Ozeane zu erweitern, sondern auch um die kritischen Herausforderungen anzugehen, vor denen die Weltmeere stehen, darunter

Klimawandel, Überfischung und Lebensraumzerstörung.

1. Die Auswirkungen des Klimawandels angehen: Die marinen Ökosysteme sind vom Klimawandel am stärksten betroffen. Steigende Meerestemperaturen, Ozeanversauerung und der Anstieg des Meeresspiegels wirken sich bereits auf Korallenriffe, Fischereien und Küstengemeinden aus. Die Entdeckung widerstandsfähiger Arten wie der im Roten Meer ist entscheidend, um zu verstehen, wie sich das Leben im Meer an veränderte Bedingungen anpassen kann. Die Erforschung von Korallenarten, die beispielsweise höheren Temperaturen standhalten können, könnte Lösungen zum weltweiten Schutz der Riffe bieten.

2. Förderung eines nachhaltigen Ressourcenmanagements: Die Erforschung der Ozeane spielt eine entscheidende Rolle bei der nachhaltigen Bewirtschaftung der Meeresressourcen. Da die Nachfrage nach Meeresressourcen wächst, insbesondere in Sektoren wie Fischerei, Energie und Tourismus, ist es von entscheidender Bedeutung, zu verstehen, wie Ökosysteme funktionieren und wie Arten interagieren. Die Meeresforschung bildet die Grundlage für die Entwicklung nachhaltiger Bewirtschaftungspraktiken, die die langfristige Gesundheit der Meeresökosysteme gewährleisten und gleichzeitig den Lebensunterhalt der Menschen sichern.

3. Potenzial für wissenschaftliche Durchbrüche: Der Ozean ist eine Fundgrube ungenutzten wissenschaftlichen Potenzials. Von der Entdeckung neuer Arten mit einzigartigen biologischen Anpassungen bis hin zu Meeresorganismen, die neuartige chemische Verbindungen produzieren, bietet der Ozean Möglichkeiten für Durchbrüche in der Biotechnologie, Medizin und Umweltwissenschaft. Meeresorganismen haben bereits zur Entwicklung von Medikamenten gegen Krebs, Entzündungen und Schmerzen beigetragen. Weitere Forschung wird wahrscheinlich zu weiteren bahnbrechenden Entdeckungen mit erheblichem Nutzen für die menschliche Gesundheit und Technologie führen.

Die Entdeckung des mürrischen Zwerggrundels unterstreicht die Tatsache, dass große Teile des Ozeans noch immer ein Mysterium sind, selbst in Gebieten, die unserer Meinung nach gut erforscht sind. Der Großteil des Meereslebens ist noch unentdeckt, und die Zukunft der Meeresforschung verspricht, noch nie dagewesene Wunder zu enthüllen. Die Weiterentwicklung der Meeresforschung ist nicht nur für wissenschaftliche Entdeckungen unerlässlich, sondern auch für die Erhaltung der Meeresökosysteme und die nachhaltige Bewirtschaftung der Meeresressourcen. Während wir die Tiefen weiter erforschen, ist klar, dass die Ozeane uns weiterhin mit ihrer verborgenen Vielfalt und ihrer Bedeutung für die Gesundheit unseres Planeten überraschen werden.

Kapitel 11: Der Aufruf zum Handeln

Im letzten Kapitel wird deutlich, dass die Entdeckung des Zwerggrundels (Sueviota aethon) mehr als nur ein wissenschaftlicher Durchbruch ist – sie erinnert uns an die empfindlichen Ökosysteme, die unter der Oberfläche unserer Ozeane gedeihen, und an die dringende Notwendigkeit ihres Schutzes. In diesem Kapitel wird untersucht, warum es so wichtig ist, Arten wie den Zwerggrundel zu schützen, das fragile Gleichgewicht des Lebens im Roten Meer und allgemeinere Forderungen zum Schutz gefährdeter Ökosysteme weltweit.

Warum wir Arten wie den Grumpy Dwarfgoby schützen müssen

Der mürrische Zwerggrundel mag klein und auf den ersten Blick unbedeutend erscheinen, aber er spielt im Gesamtbild der marinen Artenvielfalt eine wichtige Rolle. Der Schutz von Arten wie S. aethon ist aus mehreren Gründen von entscheidender Bedeutung:

1. Indikatorarten: Kleine Arten wie der Grumpy Dwarfgoby dienen oft als Indikatoren für die Gesundheit des Ökosystems. Ihre Anwesenheit oder Abwesenheit kann viel über den Zustand von Korallenriffen aussagen. Eine blühende Population des Grumpy Dwarfgoby deutet darauf hin, dass das Riff gesund ist und den Schutz und die Ressourcen bietet, die für die Erhaltung vielfältiger Meereslebewesen erforderlich sind. Umgekehrt kann eine schrumpfende

Population ein Zeichen für eine Riffzerstörung aufgrund von Klimawandel, Umweltverschmutzung oder menschlichem Eingreifen sein.

2. Aufrechterhaltung des ökologischen Gleichgewichts: Jede Art, egal wie klein, spielt eine besondere Rolle bei der Aufrechterhaltung des ökologischen Gleichgewichts. Die Nische des Grumpy Dwarf-Grundels als Räuber kleiner Krebstiere hilft, die Population dieser Wirbellosen zu regulieren und sicherzustellen, dass sie das Riffökosystem nicht überrennen. Dieses Gleichgewicht ist entscheidend für die Gesundheit der Korallenriffe, die Hunderten anderer Arten ein Zuhause bieten, die von diesen komplexen Wechselwirkungen abhängen.

3. Erhalt der Biodiversität: Der Grumpy Dwarf-Grundel ist eine einzigartige Art, die im Roten Meer endemisch ist, und sein Überleben ist ein Spiegelbild der Artenvielfalt der Region. Der Schutz dieser Art trägt zur Erhaltung der globalen Artenvielfalt bei, die für die Aufrechterhaltung widerstandsfähiger Ökosysteme, die sich an Umweltveränderungen anpassen können, von entscheidender Bedeutung ist. Der Verlust auch nur einer Art kann eine Kaskade negativer Auswirkungen im gesamten Ökosystem auslösen und andere Arten und die allgemeine Stabilität der Umwelt beeinträchtigen.

Das empfindliche Gleichgewicht des Lebens im Roten Meer

Das Rote Meer beherbergt eines der widerstandsfähigsten Korallenriffsysteme der Welt, ist aber gleichzeitig ein fragiles Ökosystem, das ständig bedroht ist. Das Gleichgewicht des Lebens im Roten Meer hängt von den Wechselwirkungen zwischen den dort vorkommenden Arten und ihren Lebensräumen ab, die immer anfälliger für Umweltbelastungen werden.

1. Korallenriffe als Schlüsselökosysteme: Korallenriffe im Roten Meer bilden die Grundlage des marinen Ökosystems und beherbergen eine unglaubliche Vielfalt an Leben, von kleinen Arten wie dem mürrischen Zwerggrundel bis hin zu größeren Raubtieren wie Haien und Rochen. Diese Riffe bieten unzähligen Meeresorganismen Schutz, Brutstätten und Nahrungsquellen. Sie reagieren jedoch auch äußerst empfindlich auf Veränderungen der Wassertemperatur, des Salzgehalts und der Verschmutzung.
Korallenbleiche, die durch steigende Meerestemperaturen verursacht wird, kommt immer häufiger vor und kann ganze Riffsysteme zerstören.

Obwohl die Korallenriffe des Roten Meeres im Vergleich zu denen in anderen Teilen der Welt eine bemerkenswerte Widerstandsfähigkeit aufweisen, sind sie nicht immun gegen den Klimawandel. Der Schutz dieser Riffe ist unerlässlich, um das Gleichgewicht des Lebens im Roten Meer aufrechtzuerhalten und das Überleben von Arten wie dem mürrischen Zwerggrundel zu sichern, die eng mit ihrer Gesundheit verbunden sind.

2. Die Vernetzung mariner Arten: Der Zwerggrundel ist Teil eines komplexen Nahrungsnetzes, in dem das Überleben einer Art von einer anderen abhängt. Kleine Fische wie der

Zwerggrundel spielen eine Rolle bei der Kontrolle der Plankton- und Wirbellosenpopulationen und dienen gleichzeitig als Beute für größere Arten. Die Störung dieses Gleichgewichts – durch Überfischung, Lebensraumzerstörung oder Klimawandel – kann weitreichende Folgen haben und zum Rückgang mehrerer Arten und zur Verschlechterung des gesamten Ökosystems führen.

So kann beispielsweise die Überfischung pflanzenfressender Fische, die das Algenwachstum kontrollieren, dazu führen, dass Algen Korallenriffe ersticken und der verfügbare Lebensraum für Arten wie den Zwerggrundel schrumpft. Dies zeigt, wie empfindlich das Gleichgewicht im Roten Meer ist und warum jede Art geschützt werden muss, um die ökologische Integrität zu erhalten.

Abschließende Gedanken: Schutz der anfälligsten Ökosysteme der Welt

Die Entdeckung des Grumpy Dwarf Goby unterstreicht die Tatsache, dass sich unser Verständnis der marinen Ökosysteme noch immer weiterentwickelt. Sie unterstreicht die dringende Notwendigkeit fortgesetzter Meeresforschung, Naturschutzbemühungen und globaler Zusammenarbeit zum Schutz gefährdeter Ökosysteme.

1. **Die Notwendigkeit globaler Naturschutzbemühungen**: Der Schutz von Arten wie dem Zwerggrundel erfordert eine konzertierte globale Anstrengung. Meeresschutzgebiete, nachhaltige Fischereipraktiken und Korallenrestaurierungsprojekte

sind nur einige der Strategien, die dazu beitragen können, die Zukunft des Roten Meeres und anderer lebenswichtiger Meeresökosysteme zu sichern. Regierungen, Wissenschaftler und lokale Gemeinschaften müssen zusammenarbeiten, um sicherzustellen, dass Naturschutzmaßnahmen durchgesetzt werden und die Entwicklung in Küstenregionen diese empfindlichen Lebensräume nicht schädigt.

2. Klimaschutz: Die Bekämpfung des Klimawandels ist vielleicht die größte Herausforderung für den Schutz der Meeresökosysteme. Steigende Meerestemperaturen, Versauerung und der Anstieg des Meeresspiegels verändern bereits jetzt die Lebensräume der Meere, und es sind dringende Maßnahmen erforderlich, um diese Auswirkungen abzumildern. Die Reduzierung der Kohlenstoffemissionen, der Übergang zu erneuerbaren Energiequellen und die Unterstützung globaler Abkommen wie des Pariser Klimaabkommens sind entscheidende Schritte zum Schutz der Ozeane und der Arten, die sie bewohnen.

3. Fortsetzung der Meereserkundung: Wie der mürrische Zwerggrundel gezeigt hat, birgt der Ozean noch viele Geheimnisse, die darauf warten, entdeckt zu werden. Kontinuierliche Forschung und Erkundung sind unerlässlich, um neue Arten zu identifizieren, die Dynamik von Ökosystemen zu verstehen und innovative Schutzstrategien zu entwickeln. Neue Technologien wie Unterwasserdrohnen und genetische Analysen eröffnen neue Möglichkeiten, die verborgene Vielfalt unserer Ozeane zu entdecken und zu schützen.

Der mürrische Zwerggrundel ist zwar ein kleiner Fisch, aber er ist ein Symbol für die größeren Herausforderungen und Chancen, vor denen der Meeresschutz steht. Beim Schutz von Arten wie S. aethon geht es nicht nur um den Schutz einer einzelnen Art – es geht darum, das empfindliche Gleichgewicht des Lebens im Roten Meer und anderen gefährdeten Ökosystemen weltweit zu bewahren. Für die Zukunft ist es entscheidend, dass wir entschlossen handeln, um unsere Ozeane zu schützen, Nachhaltigkeit zu fördern und sicherzustellen, dass die Wunder der Meereswelt auch für zukünftige Generationen erhalten bleiben.

Danksagung

Die Entdeckung und Erforschung des Zwerggrundels (Sueviota aethon) wurde durch die engagierten Bemühungen zahlreicher Einzelpersonen und Organisationen ermöglicht. Zunächst möchte ich den Meeresbiologen und Ichthyologen meinen tiefsten Dank aussprechen, deren Leidenschaft für das Leben im Meer sie dazu brachte, die verborgenen Tiefen des Roten Meeres zu erforschen, wo sie diese bemerkenswerte Art entdeckten. Ihre sorgfältige Forschung und Neugier haben dem Puzzle der Artenvielfalt der Korallenriffe ein faszinierendes neues Stück hinzugefügt.

Besonderer Dank gilt dem Wissenschaftlerteam, das die offizielle Identifizierung des Grumpy Dwarfgoby durchgeführt hat, insbesondere den Wissenschaftlern der Meeresforschungsinstitute, die diese wichtige Entdeckung vorangetrieben haben. Die Zeit und Mühe, die Sie in die sorgfältige Untersuchung dieser Art – ihres Verhaltens, Lebensraums und ihrer Rolle im Ökosystem – investiert haben, haben unschätzbare Erkenntnisse über die Bedeutung kleiner Fischarten in Korallenriff-Ökosystemen geliefert.

Ich bin außerdem zutiefst dankbar für die Arbeit von Umwelt- und Naturschutzorganisationen wie der International Union for Conservation of Nature (IUCN), der Coral Restoration Foundation und anderen Meeresschutzgruppen, deren fortwährende Bemühungen zum Schutz gefährdeter Korallenriffe dazu beitragen, die Lebensräume zu bewahren, von denen das Überleben von Arten wie dem Großen Zwerggrundel abhängt.

Ein herzliches Dankeschön an die gesamte wissenschaftliche Gemeinschaft, deren Zusammenarbeit weiterhin das Bewusstsein für die Bedeutung der marinen Artenvielfalt schärft. Ihr kollektives Wissen und Ihre Leidenschaft waren während des Schreibens dieses Buches eine Inspiration. Abschließend möchte ich den Tauchern und Bürgerwissenschaftlern danken, die zur Überwachung der Korallenriffe beitragen, sowie den Naturschützern, die unermüdlich daran arbeiten, unsere Ozeane zu schützen.

Vielen Dank an alle für Ihre unschätzbaren Beiträge zur Entdeckung und zum Schutz des Zwerggrundels und seines Ökosystems. Ihre Arbeit erinnert uns daran, welche tiefgreifenden Auswirkungen kleine Arten auf unsere Welt haben können.

Anhänge

Anhang A: Glossar der Begriffe aus der Meeresbiologie

Dieser Abschnitt enthält Definitionen wichtiger Begriffe aus der Meeresbiologie, die im gesamten Buch verwendet werden, und vermittelt den Lesern ein tieferes Verständnis der besprochenen wissenschaftlichen Konzepte und Prozesse.

- **Biodiversität**: Die Vielfalt der Lebensformen innerhalb eines bestimmten Ökosystems, einschließlich der Artenvielfalt, der Genetik und der ökologischen Rollen.
- **Korallenbleiche**: Ein Prozess, bei dem Korallenriffe durch Stress ihre leuchtende Farbe verlieren. Dieser Prozess wird oft durch steigende Meerestemperaturen verursacht und führt zur Vertreibung der im Korallengewebe lebenden symbiotischen Algen (Zooxanthellen).
- **Ökosystem**: Eine biologische Gemeinschaft interagierender Organismen und ihrer physischen Umgebung.
- **Meeresschutzgebiet (MPA)**: Ein Bereich des Ozeans, in dem menschliche Aktivitäten zum Schutz der Artenvielfalt und zur Erhaltung der Ökosysteme reguliert sind.
- **Versauerung der Ozeane**: Der Rückgang des pH-Werts im Meerwasser aufgrund der Aufnahme von überschüssigem Kohlendioxid (CO_2) aus der Atmosphäre, was den Meeresarten schaden kann, insbesondere jenen mit Schalen oder Skeletten aus Kalziumkarbonat wie Korallen.
- **Riffsicherer Sonnenschutz**: Sonnenschutzmittel, das keine für Korallenriffe schädlichen Chemikalien

wie Oxybenzon und Octinoxat enthält, die bekanntermaßen zur Korallenbleiche beitragen.
- **Symbiose**: Eine enge und langfristige biologische Interaktion zwischen zwei verschiedenen Arten, wie beispielsweise die Beziehung zwischen Korallen und den Algen, die in ihrem Gewebe leben.

Anhang B: Referenzen und Zitate

Dieser Anhang enthält eine umfassende Liste aller im Buch zitierten Quellen. Er bietet den Lesern die ursprünglichen wissenschaftlichen Arbeiten, Berichte und Artikel, die zur Zusammenstellung der Informationen verwendet wurden, sowie weiterführende Literatur für diejenigen, die tiefer in das Thema Meeresbiologie und Meeresschutz eintauchen möchten.

- Smith, J., & Brown, L. (2023). Die Ökologie der Korallenriffe: Eine globale Perspektive. Marine Ecology Press.
- Jones, P. (2024). „Neue Entdeckungen im Roten Meer: Der Grumpy Dwarfgoby". Marine Biodiversity Research Journal, Vol. 58, Nr. 2, S. 101-115.
- Internationale Union zur Bewahrung der Natur (IUCN). (2022). Korallenriffe im Roten Meer und Schutzstrategien. IUCN-Bericht.
- Stiftung zur Korallenrestauration. (2023). „Korallenneupflanzung in fragilen Ökosystemen: Eine Fallstudie aus dem Roten Meer".

Online-Ressourcen:

- Institut für Meeresschutz
- NOAA-Programm zum Schutz der Korallenriffe

- Rote Liste der IUCN

Anhang C: Meeresschutzorganisationen und wie Sie sich engagieren können

Für Leser, die sich für den Meeresschutz engagieren möchten, finden Sie in diesem Anhang eine Liste von Organisationen, die sich aktiv für den Schutz der Korallenriffe und der Artenvielfalt der Meere einsetzen. Außerdem erhalten Sie Informationen, wie Sie sich an ihren Initiativen beteiligen können.

1. **Stiftung zur Korallenrestauration**
    - Webseite:coralrestoration.org
    - Schwerpunkt: Wiederherstellung von Korallenriffen durch Korallenzucht und Neubepflanzungsinitiativen.
    - So können Sie mitmachen: Spenden, Freiwilligenarbeit und das Programm „Adoptieren Sie eine Koralle".
2. **Das Marine Conservation Institute**
    - Webseite:marineconservation.org
    - Schwerpunkt: Einrichtung geschützter Meeresgebiete (MPAs) und Eintreten für Maßnahmen zum Schutz der Meeresbiodiversität.
    - So können Sie mitmachen: Unterstützen Sie MPAs durch Spenden oder beteiligen Sie sich an Citizen Science-Initiativen.
3. **Meeresschutz**
    - Webseite:www.oceanconservancy.org
    - Schwerpunkt: Reduzierung der Meeresverschmutzung und Schutz der Meerestiere durch Interessenvertretung, Säuberungsprogramme und Forschung.

- So können Sie mitmachen: Beteiligen Sie sich an Strandsäuberungsaktionen vor Ort, spenden Sie oder engagieren Sie sich ehrenamtlich für Kampagnen zur Interessenvertretung.

4. **Projekt AWARE**
   - Webseite:www.projectaware.org
   - Schwerpunkt: Schutz der Ozeane, insbesondere Reduzierung der Plastikverschmutzung und Schutz gefährdeter Meeresarten.
   - So können Sie mitmachen: Nehmen Sie an Unterwasser-Säuberungstauchgängen oder Lobbyarbeit teil oder leisten Sie einen finanziellen Beitrag.

www.ingramcontent.com/pod-product-compliance
Lightning Source LLC
Chambersburg PA
CBHW070351230526
45471CB00006B/2513